没伞的孩子，
必须努力奔跑

张敏 / 编著

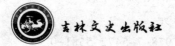

吉林文史出版社

图书在版编目（CIP）数据

没伞的孩子，必须努力奔跑 / 张敏编著 . -- 长春：吉林文史出版社，2018.10（2019.9 重印）

ISBN 978-7-5472-5581-0

Ⅰ . ① 没… Ⅱ . ① 张… Ⅲ . ① 成功心理 - 通俗读物
Ⅳ . ① B848.4-49

中国版本图书馆 CIP 数据核字 (2018) 第 249043 号

没伞的孩子，必须努力奔跑
MEISANDEHAIZI，BIXUNULIBENPAO

编　　著	张　敏	
责任编辑	张雅婷	
封面设计	末末美书	
出版发行	吉林文史出版社有限责任公司	
地　　址	长春市福祉大路出版集团A座	
电　　话	0431-81629353	
网　　址	www.jlws.com.cn	
印　　刷	三河市刚利印务有限公司	
开　　本	880 毫米×1230 毫米　1/32 开	
印　　张	8	
字　　数	153 千	
版　　次	2018 年 10 月第 1 版　　2019 年 9 月第 3 次印刷	
定　　价	36.80 元	
书　　号	ISBN 978-7-5472-5581-0	

序言
PREFACE

　　人生就好比呼吸：呼是为了出口气，吸是为了争口气。

　　诚然，打从出生那一刻，我们无法选择出身，但这世界上演绎过的无数传奇告诉我们：人生可以由自己做主！任何人都可以通过自己的奔跑去追逐、去猎取那些看似遥不可及的东西。是的，这个过程注定艰辛，但泥泞中的脚印，更显厚重。

　　我们多数人是"没有雨伞"的孩子，大雨到来的时候，有的人可以撑着伞慢慢走，但我们必须努力奔跑！因为奔跑的孩子还有机遇，不跑的孩子注定悲剧。

　　你别想着找个地方躲起来等雨停，因为雨停了，天也许就黑了，天黑路滑，你会更难走；你也别想着有人给你送伞，因为你的亲朋好友没有"伞"。所以，你只能选择奔跑，而且要努力奔跑，发了疯似的奔跑，因为跑得越快，被淋湿的地方就越少。

　　也许有人要说，为什么傻跑，难道跑起来就淋不到雨了吗？既然都是被淋湿，为什么还要浪费力气？诚然，就算跑得像豹子一样，依然会被淋湿，但这显然是一个态度问题。

　　努力奔跑的孩子，极有可能得到更好的结果：他的衣服只淋湿一点点，仍然可以继续穿，继续做他想要做的事情；而不愿奔跑的孩子，无疑选择了逆来顺受，只能被大雨阻止前行。

所以，奔跑的孩子还有机遇，不跑的孩子注定悲剧。当大雨滂沱时，奔跑不仅仅是一种能力，更是一种态度，而这种态度才真正决定我们的人生高度。

现实中的我们，大多是没有雨伞却刚好赶上大雨的孩子，出身普通，相对来说，在人生路上遇到的雨水要更大一些。但我们没有选择，只有那一条相对艰难的路……你懒着腿脚不肯跑，这样的人生便永远没有尽头；你跑起来，才有希望冲出雨水、越过泥泞，看到不一样的风景……

所以，没有伞的孩子，我们必须努力奔跑。

目 录

↗

▼
▼

■ ■ ■

CONTENT

CHAPTER 01

↗ **生得不好怪父母，活得不好你怪谁 // 001**

一个环境，怎样是好？怎样是坏？标准并不在环境本身，而在于人如何自处：置身其间，不迷失自己，保持积极主动的精神，这样的环境再"坏"也是好环境，反之，再"好"的环境也是坏环境。

CHAPTER 02

↗ 张嘴闭嘴不公平，其实是你真不行 // 031

生活给了每个人选择的权利和做事机会，只不过由于先天因素和环境因素，每个人的机会多少有所不同，从这个角度上说，世界是有它不公平的一面。

如果你因为世界的不公平，索性连自己选择的权利和做事的机会都放弃了，那就是你自己的问题了。

CHAPTER 03

↗ 一点雄心都没有，谈什么名利双收 // 063

眼睛所到之处，是成功到达的地方，唯有伟大的人才能成就伟大的事，他们之所以伟大，是因为他们决心要做出伟大的事。

可以说，一个人的发展在某种程度上取决于对自我的评价，这种评价就是定位。在心中你给自己定位成什么，你就是什么。

CHAPTER 04

↗ 为何你还不奔跑，指望谁帮你拯救潦倒 // 093

不要空想未来，不管他是多么令人神往，不要怀恋过去，要把逝去的岁月埋葬。失败者最可悲的一句话就是：我当时真应该那么做，但我没有那么做。这不是一个空想家的时代，空想无法给你想要的一切。

CHAPTER 05

↗ 只有流过血的手指，才能弹出人间绝唱 // 125

很多人都想不劳而获，但最好只是想想，千万不要把它当成梦想。真

正的梦想，需要汗水来浇灌。有耕耘才会有收获，有付出才有好结果。"成事在人"，这是俗语，也是真理。一件事、一项事业，你用什么样的态度来付出，就会有相应的成就。

CHAPTER 06

↗ 拼尽全力没成绩，是因为你只会低水平努力 // 149

每个人努力模式的不同，最后努力的结果也不同。你以为自己拼了命地向前奔跑，表现出一种废寝忘食的忙碌状态，似乎把老天爷都已经感动了。

然而，哪怕你再怎么全力以赴，却没有丝毫长进，没有多少价值回报，其实也只是瞎忙一场。

CHAPTER 07

↗ 再不把思维变一变，你一辈子都在原地打转 // 173

脑子越用越活，思想懒惰了，就会反应迟钝。越思考，你的视野就会越宽阔；你的嗅觉就会越敏锐；越思考越开窍，越开窍越明白。

当你颠覆了现在的思维方法，用一种成功人士的心态去思考、去追求你想要的一切时，你就会觉得什么事情都没有难度了。

CHAPTER 08

↗ 别说要等待机会，成功需要制造机会 // 203

毫无疑问，我们都对成功有着深深的渴望，但成功的前提之一是要有机会。很多人一生都是在被动地等待机会，他们人生更像是听天由命。而那些真正的努力者，并不是机会对他们情有独钟，而是他们会谋划机会，这才是他们异于常人的地方。

CHAPTER 09

↗ 豁出去与这世界死磕，想什么"只怕万一" // 225

要求"万无一失"的人，一般都不能成什么大气候。世界上任何领域的顶尖者，都是靠着勇敢面对他人所畏惧的事物才出人头地的，而一些取得了成功的人，也都是如此，都是以勇敢精神作为后盾的。

01
CHAPTER

生得不好怪父母，
活得不好你怪谁

一个环境，怎样是好？怎样是坏？标准并不在环境本身，而在于人如何自处：置身其间，不迷失自己，保持积极主动的精神，这样的环境再"坏"也是好环境，反之，再"好"的环境也是坏环境。

□ □ □

上帝只管发牌，我们才是玩牌的人

上帝从来只管发牌，我们才是玩牌的人，是将一手好牌打烂，还是将一手烂牌打好，关键要靠自己，因为自己才是那个真正能改变命运的"上帝"。

女人在教堂中对着上帝报怨连连，指责上帝的不公平，祈求上帝能为自己转变命运。上帝见她一直哭泣，于是念在她平时为人和善，便有心援手，对她说："好，你回去吧，很快你就会变得富有，并遇到你生命中的白马王子。"

但是，女人直到生命结束也还是孤身一人，而且生活拮据。她想，一定是上帝欺骗了她，于是死后找到上帝，质问他："你明明答应让我转运的，为什么说话不算数，我没有发财，也没有找到丈夫，一辈子孤孤单单，真是悲惨，我恨你！"

"是吗？"上帝问，"你不觉得你错过了什么吗？我已经将财富和姻缘送你了，可你却没有接受。"女人疑惑地看着上帝，上帝继续说，"记得吗？我曾经送给你过一次机会，你做了一段时间后觉得那个行业发不了财就放弃了。我还特意安排你结识了一位男士，你虽然觉得他很好，却处处怀疑，对他挑三拣四，还认定他并不是为了和你结婚而爱恋你，于是与他断然分手……"

女人听着听着，忽然号啕大哭起来，她一直以为上帝不公，以为命运欺骗了自己，原来是她自己错过了改变命运的机会。

人生本就充满变数，而把握这个变数的线就握在我们每个人的手中。机会来了，你却没有准备好，于是机会便擦肩而去；好运来了，但你还是陷于过去无法自拔，于是好运转身离去。绿植在商场中总是郁郁葱葱，一模一样，但不同的人带回家会长成不同的样子，那是养花人的原因。

春天来了，万物复苏，小草是第一个冒出头的，它们没有绿植那样高大、姿态万千，也没有百花那样娇艳、芬芳，但却成为角角落落的重要存在，路边、花园无处不在，上帝没有给它傲人的身姿，它却以顽强、平凡赢了万千植物。

生活本就不会一路平坦，更不会一路坎坷，路都是自己走出来的。人生本就是一张白纸，任由我们拿着画笔挥洒，不要总是活在感慨与阴霾中，那样你的画纸就会变得灰暗。阳光并不曾亏欠每个人，只要你能抬头面对，勇敢前行，何求人生寂寞呢？

从第一声啼哭开始，人就要学会改变自己的命运。孩子一出生就用力地哭泣，因为他从那时开始就要用肺呼吸，他要用最大的力气将肺泡鼓起来，为今后强健的体魄打基础；

他们一出生就会噘起嘴唇开始找奶吃，并用哭泣来告诉大家他饿了，所以他得到了第一口食物——奶水。

学生时代，开学的第一天，老师会让学生写“自我介绍”，很多人并没有把握好这一次机会，只写了姓名、住址等，而有些人却写了特长、爱好以及意愿，他们便成为班干部的后备人选。机会是自己争取来的，无论你的原生家庭如何，那只是一个背景板，你可以把它当成装饰画挂在墙上，也可以把它当成国画珍藏在匣子里，但在人前，你只是你，一切也只能靠你自己。

他是一位高考文科状元，北京大学毕业的天之骄子，亲戚朋友对他的期许很高，认为他不是一个儒雅的教授，就是一个精明的商人，但他大学毕业后就回了老家。老家没有最前沿的科技，没有国际化的同事，他迷茫过，消沉过，但是没有堕落，而是操起一把杀猪刀，开始了杀猪剁肉的工作生涯，成为一名农贸市场的小贩。

卖猪肉这件事看起来简单，但他却坚持把这件事做到“北大水准”，争取卖国内最一流的猪肉。为此，他开始自己养猪，他养的猪除了品种“土”，还能自由活动。猪场里还设有音响，专门给猪听音乐，因为他说猪和人一样，只有心情愉悦，才会长得又肥又壮。就这样，他的“壹号土猪”在国内成为响亮的土猪肉第一品牌。

后来，凭着多年屠夫的经验，他和人合伙开办了一所屠夫培训学校，每年都有大量的毕业生前来接受培训。他还自己编写讲义《猪肉营销学》并亲自授课，填补了屠夫专业学校和专业教材的空白。如今的他，名利双收，闻名国内，他就是陆步轩。

人生如牌局，性别、家庭、国家、时代等在人生下来的那一刻，就犹如上帝已经发下的一副牌，我们没有办法去选择，只能接过来，将它打下去。一些人一生下来就拥有了一副好牌，但往往因为牌太好而变得随意，却让别人赢了这一局，而这位"别人"手里却拿着一副烂牌。

上帝从来只管发牌，而我们才是玩牌的人，是将一手好牌打烂，还是将一手烂牌打好，关键要靠自己，因为自己才是那个真正能改变命运的"上帝"。

□ □ □ □
不能改变环境，那就改变自己

我们生于什么样的家庭，去到什么样的环境并不重要，重要的是如何改变自己，是软弱地服从，还是积极地改变，这都是一种选择，但绝不能退缩、放弃，它都意味着被淘汰。不能改变环境时，就去改变自己，总有一天，你会发现，自己已经具备了改变环境的能力。

小轩就职于一家销售公司，工作业绩平平，也不被老板重用。他常把自己比作钟子期难遇知音，生不逢时，所以天

天都闷闷不乐。和朋友一起聊天，他也常常感叹自己怀才不遇："为什么我总是觉得我与公司风水不合呢？"

一位相对比较成功的朋友问他："小轩呀，你自从上班至今，有没有一些固定客户？你的商业文书做得有针对性吗？你们公司的组织关系，你有没有弄清楚？或者干脆这样问，你们公司的影印机，你用熟了吗？"

小轩不解地看着朋友问："你说的这些问题，哪儿挨着哪儿呀？"

朋友笑着说："你们公司就现在的状态来说，虽然比不上跨国公司，但规模也不算小了，你有时间去抱怨，不如把它当作另一所大学，等你什么都学会了，你的简历中会留下工作经验，你也会留下更多的社会经验，那时你再一走了之，不是更值得吗？"

小轩点点头，记下了朋友的话。在那以后，他开始认真起来，连细枝末节也认真地学习，甚至下班以后，他还会留在办公室写文案。半年后，他发现，老板对他越来越重视，给他加了好几次薪水，而且还将重要的项目交给他做。

小轩将这半年发生的变化告诉朋友，朋友笑着说："我早已经料到了，当初你觉得怀才不遇，是因为你将心境都放在了如何表现自己上，却没有看公司究竟需要什么样的人才。如果想要别人重用自己，不是总说自己不凡，而要在那个环境中表现出自己的不凡。"

环境是我们在没有遇到它之前就摆在那里的，我们往往没有办法改变，那么，与其在没有办法更改的环境下自怨自艾，不如改变自己去适应环境。变色龙之所以能有效地保护好自己，不是因为它的生存环境有多好，而是因为它会随着环境的变化而改变自身的色彩，与环境融为一体，自然就成为这个环境中的最强者。

鲨鱼是海中的霸王，海洋中的优胜劣汰很严重，但只有它在地球上已经生存了一万五千年之久，为什么呢？那是因为它的全身都是软骨，没有一块坚硬的骨头，这可以帮助它具有很强的适应性，随着水中的环境随时随地地自我调节，这便是"适者生存"的道理。

人最容易做到的就是放弃，而放弃就意味着被淘汰。雨如珠下，一些人在雨中闲庭信步，因为他们有伞来遮风挡雨，能够自信地欣赏雨景；一些人在雨中拼命奔跑，因为他们没有伞，没有资格悠闲，所以要更加努力向前奔跑。如果在前方能找到一处避雨的场所，那么依然可以与雨中有伞的人一样欣赏雨景，这是努力奔跑的收获。所以，人要适应环境，什么样的环境下就去做什么样的事情，下雨就找伞，没有伞就努力奔跑找避雨的地方。

俗话说："穷则变，变则通。"懂得变通，才是人能够摆脱困境的有力武器。一个人不管处于什么样的环境，都要努力改变自己去适应，改变自己固有的心态、思维或者行为。"人在屋檐下"，如果不低头就会被撞得头破血流，但这种在屋檐下的低头，一定是为了我们在将来更高傲地抬头。

英国圣公会主教的墓碑上有这样一段话，很值得我们去沉思：

当我年轻自由的时候，我的想象力没有任何局限，我梦想改变这个世界。

当我渐渐成熟明智的时候，我发现这个世界是不可能改变的，于是我将眼光放得短浅了一些，那就只改变我的国家吧！

但是我的国家似乎也是我无法改变的。

当我到了迟暮之年，抱着最后一丝努力的希望，我决定只改变我的家庭、我亲近的人——但是，唉！他们根本不接受改变。

现在，在我临终之际，我才突然意识到：

如果起初我想着改变自己，那么接着我就可以依次改变我的家人。然后，在他们的激发和鼓励下，我也许就能改变我的国家。再接下来，谁又知道呢，也许我连整个世界都可以改变……

我们到一个陌生的环境，常常会觉得自己很孤独，那是因为与世界相比，我们简直太渺小了。所以，如果你觉得环境不好想要改变，就要让自己变得更加强大。估计愚公出生时，他就面山而居吧，为什么他要等到这样老了才想起移山呢？他早就知道"山不就我"那"我就山"，所以他移山的想法应该早就有了，但当时没有能力，所以当他有了子孙，人多力量就会强大，移山的可行性就会更大。

改变自己来适应环境，你会发现路还是原来的路，境遇还是原来的境遇，但路和境遇所给予我们的感受截然不同，我们的选择也变得多样而灵活起来，有一种"柳暗花明又一村"的感觉。

我们生于什么样的家庭，去到什么样的环境并不重要，重要的是如何改变自己，是软弱地服从，还是积极地改变，那都是一种选择，但绝不能退缩、放弃，它都意味着被淘汰。不能改变环境时，就去改变自己，总有一天，你会发现，自己已经具备了改变环境的能力。

□ □ □

现在的每个时光，都是不进则退

生活可以劳逸结合，适当的娱乐可以为良好的工作状态打下基础，但千万别将娱乐错当成人生这出宴席的主菜。人生的每个时光都不容轻纵，停止便是后退，每时每刻努力才会迎来大好前程。

李菁本是一家杂志社的普通编辑，靠着卖弄文笔过日子，但因为参加当地杂志社联合举办的文学大赛，得了一等奖而受人关注，她也跳槽到了世界级别的时尚杂志社，成了小有名气的新人作家。

一天，几个朋友去 KTV 玩，她左手拿着话筒，右手拿

着啤酒，脸蛋红扑扑的，与大家边唱边聊，手机响了很多次，她连理都不理。朋友说："菁菁，你最近太放松自己了，你不能总是这样玩。"

李菁笑着说："是是是，你说得对，但总不能把所有时间都拿来奋斗吧？生活也是需要娱乐的嘛！"

朋友劝道："你现在是很有名气了，但不能坐吃山空呀，稿子该接还要接的。"

李菁拍拍朋友的肩膀，醉醺醺地说："人生苦短，要及时行乐。"

就这样，李菁一直奉行"享乐主义"。当有人劝她努力时，她总会回答："人这一生，过一天算一天，最重要的就是开心，要是把全部时间都奉献给工作、学习，那还有什么乐趣呀！"

于是，李菁每天简单处理稿子后，就开始玩，饭局、旅游、看球赛……总之为了一切娱乐活动。对她来说，她已经有了名气，工作完全可以丢在一边。

杂志社主编找到李菁说："虽然你现在有些名气了，但还年轻呀，该努力的时候还是要努力的，你现在应该多积累些经验，以后的路还很长。"

李菁笑着说："好，但是主编，你一直都很努力，一直往上争，你觉得有意义吗？您看您的皮肤，哪里像不到40岁的呀，简直都像60岁的了。"

主编的话被噎了回来，只好说："李菁，你好好思考下我的话吧。"随后，就去忙自己的事情去了。

一周后，主编将李菁一直负责的专栏转给了另一位刚蹿红的新人作者。不久后，李菁在大山里玩时，收到了主编的信息："你的专栏已经有了负责人，您已经被解雇了。"

李菁看了一眼信息，玩的心情瞬间消失了，她赶紧给主编打电话，但为时已晚，无法弥补了。

人生如逆水行舟，不进则退。生活就像一场竞赛，每一段你停下的时光，都会有无数人靠着不停地努力和奋斗而超越你。现在，很多人如故事中的李菁一样，追求"自由""快乐至上"，把宝贵的时光送给了游戏、KTV、聚餐……不断消磨意志力，懵懵懂懂中浪费着青春，浪费着人生。

有些人一直为着自己的任意妄为找各种各样的理由，如"人生苦短，及时行乐""当一天和尚撞一天钟"……于是，他们没了追求，没了理想，没了努力的方向。但就在你将自己的大好时光付之东流时，身边有很多人都在超越，将你狠狠地甩在了后面。

穗子是个非常努力的人，她精力充沛，向来不比男人差，之前我一直以为她是天生的女强人，但了解到穗子的成长经历之后，不禁一阵唏嘘。

穗子的家庭背景非常不错，上学期间，是朋友圈里有名的"富二代"，自小就过着衣食无忧的富足生活。这也导致穗子有些娇生惯养，每天得过且过。比如，穗子以为有父母在背后做保障，自己可以安安乐乐一辈子，于是就在

家附近找了一份办公室文员的工作，用大把的时间来逛街、娱乐等。

但生活哪里有那么多的一帆风顺？后来，穗子的父亲遭遇了生意变故，母亲也生了重病，家境一落千丈。穗子有心想周济下父母，无奈她每月的固定工资只有三千左右，除去吃穿住用行等日常花销，到月底所剩无几。后来，在保险公司上班的表姐建议穗子跟着自己卖保险，这意味着要放弃轻松安稳的文职生活，而且自己是一个不善交际和言辞的人，穗子有些犹豫。但眼看一家人陷入捉襟见肘的赤贫状，穗子只好艰难地下了决定，告别眼下的工作，投身到保险推销工作的行列。

在以后的日子里，穗子努力用保险理论来武装自己，并且硬着头皮每天去拜访不同的客户。她改变了自己的性格，热情洋溢、积极主动地面对自己的顾客。渐渐地，穗子成了众人眼中能说会道、舌灿莲花的人，几乎整个人被打磨了一遍。当然，她的收获颇丰，业绩蒸蒸日上，不仅帮助家庭摆脱了困境，而且职位也步步高升，从销售员到主管，再到经理，彻底变成众人眼中成功的女强人。

"那段时间，你是怎么过来的？"有人曾经这样问过她。

"说实话，我遭遇过诸多酸楚和疼痛，比如一次次被客户拒绝，吃闭门羹，这是我以前所不能忍受的事情。但一个人想要变得更好，是要付出代价的。谁不怕疼，只是我更喜欢蜕变的美丽。"穗子笑着答。

直到人生结束的时候，你回望你的一生，原来很多事情你没有做，很多人你没有珍惜，你虽然当时度过了"快乐"时光，可为什么现在不快乐呢？人呀，就像宇宙中的一粒微尘，虽然渺小也要活得精彩，给家人或者朋友留下你的痕迹，怎能那么容易就随风而逝呀？

生活可以劳逸结合，适当的娱乐可以为良好的工作状态打下基础，但千万别将娱乐错当成人生这出宴席的主菜。人生的每个时光都不容轻纵，停止便是后退，每时每刻努力才会迎来大好前程。

□ □ □

相信自己是一座金矿

我们每个人都有优点，只是有些时候我们将自己的优点忽略掉了，再加上外界环境的压力，让自己的信心逐渐减小，也忘记了发掘自身的价值。其实，我们每个人都是一座金矿，而里面的矿藏，需要我们自己去发掘。

古希腊大哲学家苏格拉底躺在床上，他知道自己于世间的日子已经不多了，于是，他叫来了自己最喜欢的一位助手。

"孩子，我的蜡所剩不多了，得找另一根蜡接着点下去，你明白我的意思吗？"

"是的，老师，我明白，您的意思是说，应该有人将您的思想很好地传承下去。"助手说。

苏格拉底笑笑说："对，就是这个意思，但是我需要一位最优秀的传承者，这个人不仅要有智慧，还必须有充分的信心和非凡的勇气。"

助手坚定地点点头，说："请您放心，我一定会竭尽全力帮您找到！"

说完，他就出发了，四处打听，不辞辛劳地通过各种方式寻找能够继承苏格拉底思想的传承者。但是，他选了一个又一个，仅有几个让他满意的，他想：我都不满意，苏格拉底也一定不会满意，只能优中选优了。

正在他仍四处奔波时，接到了苏格拉底的电报，他马上回到住所，这时苏格拉底已经快不行了，但仍硬撑着坐起来，说："你找到了吗？你真是辛苦了，不过，你找的那些人并不令我满意，实际上，他们都不如……"

苏格拉底还没说完，助手就把话接了过来："放心，我一定会加倍努力，就算是找遍整个世界，我也要把最优秀的人选为您找到。"

苏格拉底点点头，虽然想说什么，但看了看助手的表情，又把话咽了回去。

半年过去了，助手还在奔波，苏格拉底却撑不了多久了。接到消息，助手来到苏格拉底的床前，满脸抱歉地说："对不起，我真的对不起您，还是没有找到让您满意的人。"

苏格拉底勉强地笑笑，回答说："我的确很失望，但你要对自己说对不起……"话又一次没有说完，苏格拉底就永远地闭上了双眼。

助手满腹悲伤，埋怨自己连苏格拉底最后的心愿都没有达成。这时，一直在苏格拉底身边伺候的另一名助手说："苏格拉底心中的继承人是你，可是你却不相信自己，其实你才是他心中最优秀的那个人呀！"

听到这话，助手心中再次充满自责，他回想起苏格拉底最初的那句话："我需要一位最优秀的传承者，这个人不仅要有智慧，还必须有充分的信心和非凡的勇气。"是呀，充分的信心和非凡的勇气，他因为没有自信而让苏格拉底在遗憾中死去，他的后半生也一直在自责中度过。

其实，我们每个人都是有优点的，只是有些时候，我们将自己的优点忽略掉了，再加上外界环境的压力，让自己的信心逐渐减小，也就忘记了发掘自身的价值。其实，我们每个人都是一座金矿，而里面的矿藏，需要我们自己去发掘。

现实生活中，无论是工作还是生活，我们往往会因为没有自信而失掉机会。比如，当我们遇到一位自己心仪的伴侣时，一定要去争取。可是，很多人看到别人优秀时都会首先打量自己，再决定行动与否。没有信心的人，打量自己之后便会做出一个判断："人家太优秀了，我高攀不起。"因此错失了良缘；而自信心十足的人，打量自己之后同样会得出一个结论："还不错，跟我很合适。"所以把握住

了人生的另一半。

其实，每个人都有自己独特的魅力，谁又能比谁差多少呢？关键是我们该如何建立自信，让别人看到我们优秀的一面。所以，于生活、工作来说，我们每个人都应该有更多更高的追求，只有有了一定的目标，我们才能带着自信的激情，去挖掘身上的那座"金矿"。

在日本，有一位男孩特别喜欢书法，当别的小朋友拿着玩具玩耍时，他就开始拿着毛笔苦练书法，先后创造出了不少作品。他9岁时，参加日本青少年书法展，其作品充满鲜明的个性和灵性，一经展出就获得了诸多人的热捧，四幅作品最终以1400万日元的高价被人收购，小男孩因此一举成名。当时日本最著名的书法家小田村夫对小男孩的作品也赞叹连连，并预言"这将是日本未来书坛上的一颗璀璨新星"。谁知，几年后这位"小神童"没有成为"璀璨新星"，居然销声匿迹了。

是谁断送了这位天才的前程？小田村夫带着疑问专门前往拜访，在翻看了这位天才书法家后来的作品之后，他不禁仰天长叹。原来，随着中日两国文化交流的频繁，东汉书法家王羲之的书法作品东渡日本，王羲之典雅的笔风博得许多日本人的喜爱，也包括这位男孩。男孩带着仰慕之情开始不断临摹王羲之的书帖，现在他的字与王羲之的比较起来，几乎能够达到以假乱真的水平。当然，他本身的特色也被磨得一无所有，他的书法已不再是艺术，而是令人生厌的仿制品。

一个天才因模仿另一个天才而成了庸才。其实，仿别人永远只是仿的，我们习惯性地走别人走的路，别人怎么过我们就怎么过，就连言谈举止、说话腔调都要效仿别人。结果呢？自我价值被否定了。

当你艳羡别人的天赋、成功时，当你感到迷茫、困顿时，也许是因为你尚未发现自己的个性，不确定自己到底要追求什么。那么，从现在开始，拿出一张纸来，问问自己："我的个性是怎样的？""我是否有与众不同的地方？""我的天赋是什么？"……把你的答案写下来，多多益善。你会发现，原来你就是一座金矿。

动物中有这样一个例子：大鹅经常去啄人，是因为在它的眼中，人很渺小；狗虽然厉害却不敢咬人，是因为在狗的眼中人很高大。由此可见，自信是多么重要的一件事，只有自信地将自己展现出来，以积极的心态走出人生逆境，我们才能活出未来的精彩。

给自己一点压力，别让自己没有动力

虽然大大小小的压力可能让我们遭遇失败，打击我们的自信心，但是它是成功最好的动力。所以，生活中适当地主动承受一些压力，把它变成生活的动力，在它的不断鞭策

下，迫使自己不断前进，压力就成了成功的催化剂。

　　货轮从太平洋西岸卸货后返航，老船长稳健地掌着舵，水手们也如释重负地在船舱里喝酒、聊天。

　　突然，海上的风浪变大了，巨大的风暴眼看就要袭来，大家都惊慌失措了。因为现在船上已经没有了货物，吃水很少，如果这时有风暴的话，船就会像一片小树叶一样在大海里"打滚"。

　　"快打开所有货舱，立刻往里面灌水。"老船长呼喊着水手们。

　　"灌水？"水手们面面相觑，本来现在船就是怕进水沉没，怎么还往里灌水，简直是不要命了。一个水手对老船长说："不行，这是在险上加险吗？简直就是自己给自己找麻烦呀，不是自找死路吗？"

　　"快听从命令！"老船长一脸严肃，继续说："现在你们只接受命令，别问为什么！"

　　水手们虽然很不情愿，但还是打开下面的舱门。在船上，船长是最高的指挥者，"命令"也就是最高指令，只能听从，不能反驳。

　　就在船舱里加满了水刚刚关闭舱门的时候，风暴来了，狂风拍打着一切，巨大的浪头像是要将这艘可怜的货轮吞没一样。但是，加了水的船真的是比刚刚更加稳了，随着海浪高低起伏着，并没有被打翻。

风暴过后，水手们在甲板上欢呼着。这时，老船长才说："现在，我就给你们解释一下吧。你们见过根深干粗的树被暴风刮倒过吗？"

"没有，"一个水手抢着说，"那些被刮倒的是没有根基的小树。"

"是的。同样的道理，一个空木桶很容易被风打翻，如果装满了水，它的重量会增加，也就不容易被风吹倒了。"老船长又举了一个例子。

"我们知道了。""原来是这样。"水手们纷纷醒悟过来。

"你们猜对了，我们卸完货的空船是很危险的，给船加点水，让船负重增加，这样船也就变得安全了。"老船长笑着说。

远处，灯塔上的灯越来越清晰，看来已经离岸很近了，这个经过风浪的船稳步向岸边驶去。

船之所以承受不起风浪，有些物理知识的人都知道，浮力与重力是相等的，重力越大，浮力自然也就越大，船的抗风浪能力也就越强。而有生活常识的人更能明白其中的道理，船之所以会在风浪中被打翻，是因为它太轻了，像一片小树叶漂在水上时很容易被风吹起，而给这个小树叶加一块小石子，它便能很好地漂着。

人也是这样，往往所承受的压力越大，自身的潜能越被激发出来，动力也就越大。因为生活的压力，我们不得不认真工作，赚取更多的薪酬；因为工作的压力，我们不得不学习更多的知识，来应对各种突发情况……如果有一天，我们将"不得不"变成"积极"，压力自然就转化成了动力，这有时就是一蹴而就的事。

从前有座山，山上有座庙，庙里有个老和尚，老和尚懂得很多道理，于是很多人上山求取他的指点。

一天，老和尚正在念经，一个人来到山上，问："师傅，我最近遇上点事情，我的妻子对我很不好，总是要这要那，我觉得我的生活充满压力。"

老和尚没有抬头，继续闭着眼睛问："她都要什么呢？"

这个人说："她要买车，买化妆品，买包包……我的工资微薄，根本满足不了她。"

老和尚说："那你便到山上来吧，山上没有压力。"

"我不能上山，我还是爱她的。"这个人辩驳着。

老和尚笑笑说："既然你爱她，她要这些又有什么问题呢？"

"我就是觉得工作累，"这个人低头说，"她有时候一向我开口，我就害怕。"

老和尚笑笑说："那每次你给她钱时，你可以想你很爱你的妻子，你一定要赚更多的钱让她的生活变得更好。"

一周后，这个人又回到了山上，说："师傅，我发现，我想要赚更多的钱时，真的就努力工作开始赚钱了，再也不去想她要什么了。"

其实，道理很简单，只是很多人想不明白。我们总是感觉婚姻、生活、工作等给自己带来无穷的压力，是因为我们从不主动去为了他们而努力。如果将被动变成了主动，压力自然就变成了动力。

我们与成功者本质的区别在哪里呢？主要在于，我们总喜欢被动地接受，总把自己变成那个受压迫的人。而成功者呢，从来就是能够勇敢地面对压力，善于把压力置于自己的背后，让其成为一种推动力，迫使自己不断前进。

其实，适当的压力对每个人来说都是一种动力，没有了压力，我们的生活可能变得没有目标，没有激情。只是如白开水般平平淡淡的日子，总没有碳酸饮料来得刺激吧？"要想有所作为，要想过上更好的生活，就必须去面对一些常人所不能承受的压力，你得像古罗马的角斗士一样去勇敢地面对它、战胜它，这就是你必须走的第一步。"这是一位哲人对压力的最好诠释。

虽然大大小小的压力可能让我们遭遇失败，打击我们的自信心，但是它是成功最好的动力。所以，生活中适当地主动承受一些压力，把它变成生活的动力，在它的不断鞭策下，迫使自己不断前进，压力就成了成功的催化剂。

☐ ☐ ☐

沸水蒸煮，咖啡的香气才更浓郁

有的人因难以承受而思想偏激起来，见困难就躲或者跟困难硬碰硬，碰得头破血流；有的人则将困难一一咽下去，让自己变得优秀起来，让更多的人看到什么才是真正的强者。当然，你一定会选择后者，因为你就是沸水中那把香气扑鼻的咖啡豆。

佳琳是家中的独女，她从小受到父母对待公主似的万般疼爱，就像温室里娇艳欲滴的花朵一样，从来都是顺风顺水，自小就很脆弱，一旦遇到稍不如意就唉声叹气。

爸爸是最疼女儿的，可是当他发现佳琳的状态不对后，马上意识到了问题的严重性，于是准备给她上一堂"生活实践课"。

放学后，爸爸把佳琳叫到了厨房，佳琳也兴奋地跟在爸爸身边，以为有什么好吃的或者什么惊喜呢。可是，当她来到厨房看到并没有她想象中的东西时，突然闹起了情绪。

爸爸对她说："琳琳，我们一起来做个实验，实验做完后你想哭再哭，好不好？"

佳琳一听实验就来了精神，满口答应下来。

爸爸拿了三个装满一样多的水的同样大小的锅，分别在三个锅中各放入一种东西。第一个锅放了根胡萝卜，第二个锅放了一个生鸡蛋，第三个锅放了一把咖啡豆。开火！爸爸将三个锅的火力调到了同样的位置上。

佳琳在一旁看着爸爸的操作，不知道他在干什么，煮了大约半个小时后，爸爸说："琳琳，你想看看那三种东西煮成什么样子了吗？"

佳琳点点头，说："让我捞出来吧。"

然后，佳琳拿了一个小勺子，分别把胡萝卜、鸡蛋、咖啡放到三个小盘子里。

爸爸问："琳琳，你再来摸摸或用嘴唇感受一下这三样东西有什么变化吗？"

"变化吗？"琳琳边摸边说，"胡萝卜变软了，鸡蛋煮熟了，咖啡？咖啡？我看不出来。"

爸爸笑笑说："让我告诉你吧，这三样东西它们的遭遇是一样的，都是经过同样的锅、同样的水、同样的热度去煮的，但是它们的反应不同。"

爸爸捏着胡萝卜继续说："琳琳说对了，胡萝卜变软了，在生的时候它是硬的。再看鸡蛋，"爸爸又拿起鸡蛋，说，"生鸡蛋是那样的脆弱，蛋壳一碰就会碎，可是煮过后连蛋白都变硬了。"

"是的，爸爸，那咖啡呢？"琳琳扬起小脸问。

"咖啡豆没煮之前也是很硬的，虽然煮过一会儿后变软，但它的香气和味道却溶进了水里，变成香醇的咖啡。"爸爸幽幽地说，"孩子，生活中充满各种挫折，你是选择像胡萝卜那样变得软弱无力，还是如鸡蛋一样变硬变强，抑或是像一把咖啡豆，身虽受损却不断向四周散发出香气呢？"

佳琳扬着头想了一会儿，恍然大悟，其中的道理已经是初中生的她能够明白的了。她笑着说："我知道了，爸爸，我要做像咖啡豆一样的人。像胡萝卜一样变弱，是生活的懦夫；像鸡蛋一样变硬，容易成为偏激的人；而我要像咖啡豆一样，做生活的强者，真正的强者是让自己和周围的一切都变得更加美好而富有意义。"

爸爸欣慰地点点头，说："好孩子，你真的长大了。"

从那之后，佳琳再也没有对生活消极怠慢过，即使遇到困难，她也会坚强乐观地面对，她周围的人也因为她变得快乐起来。

人逢于世，遭遇凄风苦雨是必须经历的。生活有时就像一个大熔炉，燃烧着熊熊烈火，在这大火的煅烧之下，有人变得软弱，有人变得坚强，有人像孙悟空一样打翻了炉子，拥有了火眼金睛。"铁经淬炼才可成钢，凤凰浴火才能重生。"经受住了一次次严峻的考验，才会迎来崭新的生活。

雯雯的家庭条件不好，上大学那会儿，为了帮父母减轻负担，她同时做着几份兼职，早上有些同学还在睡懒觉，她早早到食堂帮忙卖饭，中午到学校附近的饭店当服务员，晚上还要给一位小学生做家教。即便大部分时间被这些兼职占用了，雯雯在学业上一点也没耽误，考试总是排在班级前三名。

大家都认为雯雯比大多数人聪明，因为别人的大部分时间用在学习上，成绩却往往不如她，直到后来，大家才明白真相所在。

半夜一点多，室友醒来想上厕所，迷迷糊糊出了宿舍时，突然发现楼道拐角处看到有一个人影。当时那人正蹲坐在一个小马扎上，一只手举着一个充电的 LED 小台灯，一只手拿着一本厚厚的书在看。当时正值寒冬，最冷的时候将近零下 20 摄氏度，那人把毛毯披在自己身上，时不时跺跺脚、搓搓手。

细看之下，室友发现竟然是雯雯，"深更半夜的，你在做什么？"

雯雯抬起头看到室友，边揉眼睛边回答："我白天没有时间复习，只能晚上加班加点了，又不想打扰你们睡觉，所以每天夜里都在楼道看书。"

雯雯十个指头冰凉凉的，跟冰棍一样。

没有人知道雯雯坚持了多少个夜晚，没有人知道她看了多少本书，更没有人知道她遭了多少罪。大家只看到，大学四年，雯雯每次考试都是系里的前三名，年年被评为"三好学生"。凭借优秀的成绩和表现，她一毕业就被一家外企聘用，之后也不曾停下前进的脚步，一路奋斗到今天的位置。

法国大文豪巴尔扎克说："苦难，对于天才是一块垫脚石，对能干的人是一笔财富，而对弱者是一个万丈深渊。"如果想让自己变得更加强大，就要勇敢地承受住各种考验，当然不要因为磨难而变得偏激。相信自己，学会勇敢和坚强，积极迎接各种困难、挑战，不断在实践中丰富阅历，提高能力，始终如一地奋勇努力，直至磨砺出生命的

真金。"

我们就做像咖啡豆一样的人吧，让沸水越煮越香。经历过苦难的人都会有所改变，有的因难以承受而思想偏激起来，见困难就躲或者跟困难硬打硬，碰得头破血流；有的则将困难一一咽下去，让自己变得优秀起来，让更多的人看到什么才是真正的强者。当然，你一定会选择后者，因为你就是沸水中那把香气扑鼻的咖啡豆。

□ □ □

如果你想放肆地爱，先要具备被爱的资格

爱情也好，婚姻也罢，何必太着急呢？不如趁此来提升自己的人格魅力，实现自我价值，不要让别人去选择你，而要让你来选择别人。无论现在的你是"黄金剩斗士"还是"齐天大剩"，不要患得患失、东猜西猜，有时间就充实自己，"你若盛开，清风自来"。

梁静，26 岁，毕业后两年来一直在私企做小文员。

春节，梁静高高兴兴地回老家过年，却遭到父母及七大姑八大姨的围攻：

"你老大不小了，再过两年就 30 岁了，不去相亲你等什么？"

"静呀，这结婚是有年龄约束的，过了岁数就找不到好

的了。"

"你在大城市上班，可怎么就不去找个大城市的呢？"

······

于是，梁静七天假期，除了大年三十之外，天天都在相亲，但她觉得那些都不是她想嫁的人，于是每次都见面不到两分钟就跟人家说"byebye"。

假期结束前，妈妈问梁静说："静呀，你就一个没看上吗？为什么？"

"妈妈，我不着急嫁人，有能力过自己想要的生活。我不会选择一个不爱的人，为了结婚而结婚。"梁静坚定地说。

看着身边的人都结婚、谈恋爱，梁静告诉自己："不要跟别人比结婚多早，要看一辈子的幸福有多少。我要好好对待自己，努力充实自己，以最美的姿态迎接那个对的人。"

春节结束后，梁静辞职后应聘到了一个小杂志社。她从小就喜欢写作，所以想用自己的努力做自己喜欢的事。

就这样，梁静从一个月入 2000 块的小编辑做到了年薪60 万的主编，开着几十万的车，买了 200 平的大房子。当然，她做到这一切，花了整整 8 年的时间，并且现在还是单身，但她觉得一切都值得。

梁静不仅很努力地工作，还很严格地管理着自己的身体。她每周去 3 次健身房，瑜伽、健美操也一次没落下过。她还很懂得生活，为了满足甜品的嗜好，她将烤箱、料理

机、蒸汽锅……琳琅满目的厨房神器一样一样地搬回家，手
机下载了一堆美食 App，常常"承包"同事的下午茶，与
大家共享美食。

26 岁时父母担心梁静没人要，但现在父母却一点也不
担心了，因为梁静的优秀吸引了诸多男士的青睐。在众多的
追求者中，梁静遇到了自己的真命天子。

他是一家小有名气的甜品店老板，两人相识于一次业内
聚会。当时的甜品摆台就是由这家店承担的，梁静尝了一口
后就爱上了那滋味，于是多方打听与甜品店老板相识。甜品
店的老板也被梁静的气质吸引，开始追求梁静。

一年后，两人走入了婚姻的殿堂，梁静的老公提起当时
追求梁静的故事时，说："我真的被眼前的这个女人吸引了，
她身上有一种我从来没有见过的气质，自立而又温柔，果断
而又甜美，让我无法自拔。"

很多时候，我们总是想从别人那里获得更多的爱，也想
放肆地选择自己的爱，但会被很多声音吓到："你爱他，他
爱你吗？""你凭什么爱他？""你不看看自己什么样，人爱
看得上你吗？"……于是，我们开始打量自己，此时一多半
的人已经选择放弃。

之所以放弃，不只是因为不自信，而是因为没有具备达
到自信的能力。如果你想放肆地爱，先要具备爱的资格。有
句话说得很好："当你把自己经营成女皇，自然吸引来帝王。"
只是现在，你常常把自己当成公主，别人却只把你当成一个

小丫鬟。

还记得著名的华尔街的那个征婚帖子吗？

一个年轻漂亮的美国女孩在金融版上征婚："本人 25
岁，非常漂亮，谈吐文雅，有品位，想嫁给年薪 50 万美元
的人。你也许会说贪心，但在纽约年薪 100 万才算是中产，
本人的要求其实并不高。想请教各位一个问题：怎样才能嫁
给你们这样的有钱人？我约会过的人中，最有钱的年薪也
不过 25 万。"

然后，一位华尔街的金融家这样回复她：

"亲爱的波尔斯：让我以一个投资专家的身份，对你的
处境做一个分析，我的年薪超过 50 万，符合你的择偶标准。
从生意人的角度来看，跟你结婚是一个糟糕的经营决策，你
说的其实是一笔简单的'财''貌'交易，但是这里有个致
命的问题，你的美貌会消失，但我的钱却不会无缘无故减
少。事实上，我的收入可能会逐年增加，但你不可能一年比
一年漂亮。从经济学的角度讲，我是增值资产，你是贬值资
产。用华尔街术语说，每一笔交易都有一个仓位，跟你交往
属于'交易仓位'，一旦价值下跌就要立即抛售，而不宜长
期持有，也就是你想要的婚姻。这听起来很残忍，但是年薪
能超过 50 万的人，都不是傻瓜，因此我们不会跟你结婚。
所以，我奉劝你不要苦苦寻找嫁给有钱人的秘方，你倒可以
想办法把自己变成一个年薪 50 万的人，这比你碰到一个有
钱的傻瓜可能性更大。"

　　爱情也好，婚姻也罢，何必太着急呢？不如趁此埋来提升自己的人格魅力，实现自我价值，不要让别人去选择你，而要让你来去选择别人。无论现在的你是"黄金剩斗士"还是"齐天大剩"，不要患得患失、东猜西猜，有时间就充实自己，"你若盛开，清风自来"。

↗

02
CHAPTER

张嘴闭嘴不公平，
其实是你真不行

———

　　生活给了每个人选择的权利和做事机会，只不过由于先天因素和环境因素，每个人的机会多少有所不同，从这个角度上说，世界是有它不公平的一面。

　　如果你因为世界的不公平，索性连自己选择的权利和做事的机会都放弃了，那就是你自己的问题了。

苛求公平，你是幼稚，还是愤青？

"台上一分钟，台下十年功。"成功人的成功来源于你看不到的努力，没有人能够一夜走红，其实，上天不会放弃任何一个努力的人。一味地苛求世界给予公平，那简直就是幼稚；一味地斥责世界不公平，你难道是"愤青"？

女儿放学回家，对着妈妈抱怨："妈妈，太不公平了，我今天在数学课上与同学讲话，老师正好逮住了我，让我在教室后面罚站。"

妈妈说："为什么不公平，你说话了老师惩罚你，这不是很对吗？"

女儿说："不是的，当时好多同学都说话了，老师一回头第一眼看到的是我，所以他这是要杀鸡给猴看，我就是那只鸡。"

妈妈明白了，笑着说："你认为你是替罪羊，是吗？"

"是的，妈妈。"女儿的眼泪已经含在眼圈了，继续说，"我是班长，老师就是故意让我难堪的，这个代课老师就是看我不顺眼，上次兴趣小组比赛，他是裁判，所以我们组输了，肯定也是他给的分低。"

妈妈拍拍女儿的头说："你有没有说话？"

女儿抽泣着说："说了，但好多同学都说了。"

妈妈笑着说："我们只说你有没有说，既然你说话了，老师的惩罚就是对的，我们不去看别人。"

女儿瞪着妈妈说："那不是太不公平了吗？"

"是的，对你来说这是不公平，但对于那些没有被罚的犯错同学来说就是饶恕、宽容，根本谈不上公平不公平。"妈妈继续给女儿解释着，"以后，你会遇到很多不公平的事，那时你总是发脾气，受伤的只会是自己。"女儿点点头，渐渐止住了哭泣。

女儿的情绪虽然渐渐平复了，但在她的心中估计还是充满了疑惑吧。"老师，你不公平。""老板，你不公平。"……你没有说过这类的话？

有人说："我的业绩一向很好，可老板为什么不重用，太不公平了。"

有人说："凭什么他一来就做上经理的位置，不就是因为他爸是总裁吗？太不公平了。"

有人说："她就是仗着自己漂亮拿了个第一，真是太不公平了。"

……

如果你还是个孩子，你可能这样说，但如果你已经是一个成年人了，再去苛求所谓的公平，那真是太幼稚了。如果看到不公平的事，愤愤不平，吐槽连连，像一个"愤青"似地怨天怨地，你的未来路只能越走越窄。

有一篇文章很令人深思，它的名字是《我奋斗了18年才和你坐在一起喝咖啡》，写的是一个农村平民出身的孩子的奋斗历程。世界本就是不公平的，漫漫的人生路上一定会遇到很多让你觉得不公平的事，就连地球的自转轴心都是偏的，为什么要苛求世界公平呢？所以，一个真正坚强的人，最重要的是如何在不公平的环境中走向巅峰。

有人出身豪门，有些人生于贫穷，长于困苦；有些人一帆风顺、一路绿灯，有些人处处碰壁、事事艰难；有些人健康，有些人残疾；有些人漂亮，有些人丑陋……谁能说世界不公，谁又能说世界公平。所以，无论处于怎样的境遇，遇招拆招才是关键。

如果出身豪门，就要克服傲气，低调行事，才能赢得更多真实的掌声；如果生于贫穷，就要努力奋斗，抓住每一个机会，让生活变得宽裕；如果一帆风顺，就要时时提醒自己"常在河边走"，免得遇到"鞋湿落水"的危机；如果处处碰壁，那就借力打力，在逆境中充实自己，扎稳每一步走出去。

每个人都期盼着公平，但公平只是小孩子的游戏中才会出现的事，妈妈在进行胎教时常常会说："不能让孩子输在起跑线上。"殊不知，这起跑线本就不同，又怎么能谈输与不输呢？虽然遇到困境时，人的第一反应就是抱怨，但如果一直抱怨，哪还有精力去努力奋斗？试想，如果我们一毕业被分到基层工作，你一边抱怨老板屈才，一边敷衍工作，那么你还有升职的机会吗？因为你的老板会这样想：连最简单的基层工作都做不好，怎么能做更高级的工作呢？

阿艾虽不是名校毕业，但好在比较勤奋，也很热情，经常帮着同事做些打印、传真等工作，给我的印象还不错。但相处几天之后，我发现她的写作水平平平无奇，审稿水平也很一般，有时我们征求一些建议或意见时，她也提不出出色的点子……总之，几乎看不出她相比其他同事有什么过人之处。换句话说，对于我们而言，有她没她其实大同小异，毕竟想挤入公司的人那么多。

没几天，部门来了一个实习生小芬，小芬虽然写作能力有待提高，但她的审稿水平很不错，经常能帮我们找出稿件中不易察觉的错别字，而且还能提供一些比较新颖的创意。当时正好单位有一个新项目需要从各部门抽调一部分人，我们部门领导"顺水推舟"，让阿艾去了新的项目部。

这种明升暗降的人事调动，让阿艾心里别扭，见谁都说公司对他不公平，可是明眼的人一看就明白，哪是公司不公平，能者多劳，这是多么简单的道理。

不要总是抱怨老天的不公平，把每一次自认为的不公平都作为生活对你的挑战，任何一个成功的人，都是经历过风雨的。雨天行车，不知道前方路上水深的人总是不敢通过，或者咒骂天气，或者等别人通过，但如果这时你早已经走过这条路数遍，必然会第一时间将车开过去，这便是你平日努力的结果。

"台上一分钟，台下十年功。"成功人的成功来源于你看不到的努力，没有人能够一夜走红，其实，上天不会放弃任何一个努力的人。一味地苛求世界给予公平，那简直就是幼稚；只知道一味地斥责世界不公平，那就只能当"愤青"了。

□ □ □

所有的公平，都是人家赢来的

这个世界并非有权人的世界，也并非有钱人的世界，它属于懂得努力的人。因此，无论什么时候，你想要抱怨生活、命运对你不公时，不妨问下自己：你为自己争取了吗？

一个身无分文的农村姑娘，为了生计，不到 20 岁就告别了家人，来到大城市打工。

进城后，这个姑娘在一个教授家里当保姆。她虽没读多少书，但是人很勤快，深得教授家人的喜欢。

一天，女主人让小姑娘陪着自己去参加一个楼盘的开盘活动。当时，售楼处挤满了人，售楼小姐带大家参观样板房时，可不知是谁撞翻了客厅墙角的花盆架，不偏不倚正好砸在电视机上，一下子把屏幕砸碎了。

顿时，大家面面相觑，纷纷推卸责任，都说不知道怎么回事。望着一片狼藉的场景，售楼小姐急得快哭了。看着这个和自己年龄相当的女孩哭得如此伤心，这小姑娘心里很是同情，不觉地想到如果是自己遇到这样的问题，究竟该怎么办？

有一天，她在收拾屋子整理小主人的玩具时，突发奇想：能不能像玩具模型那样，用一种塑料的仿真家电来代替实物呢？这样的话，开发商不仅可以降低成本，挪动起来还很方便，且不怕摔不怕碰。当她把自己的这个想法告诉教授时，没想到教授大大赞赏她，还表示愿意为她投资。

这让她感到很意外，她说："我没读什么书，只是一个小保姆，能做成这样的事吗？"

但是教授却说："这个世界上，没有谁生来就是平庸的。"

在教授的倾力支持下，她开始着手联系生产厂家，拿着自己产品的照片到各个楼盘去做推销，还热情地带领房地产公司的负责人参观自己设计的家电模型。因为一套家电模型的成本不及实物成本的十分之一，且比实物看起来更美观耐用，她的产品备受客户青睐，首批生产的几十套产品很快就销售一空，这给了她莫大的信心。

之后，她又开始了其他模型生产，大到沙发、衣柜、书柜、电脑桌，小到厨具、餐具、摆设。不到一年时间，她的公司就迅速发展起来，积聚起上百万的资产，人生实现了大跨越。当年那个怯怯的农村小姑娘，而今已是腰缠万贯的成功女性。

你可能会感叹，这个小姑娘的运气实在太好了，当保姆时遇到了好雇主，而世界这么不公平，不是每个人都可以像她这样的。但是，见证了那段历程的人知道，她能有今天的成就，绝非全都仰仗运气的青睐，更多的是自身的努力。世界不是公平的，而所有的公平都是可以靠自己的努力赢来的。

世界上的人生而不平等，所以世界也不会对每个人都公平，但是当你报怨这世界不公时，别人恰巧正在努力。有这样一个特殊的跑步比赛，参赛者共有 20 个人，主持人将"富二代"的起跑线划在了前边，那是离终点更近的位置，显然他们会更容易取得胜利。

但是，这时主持人说："现在，请不向父母伸手要钱的人往前走一步；请每月给父母零花钱的人向前走一步；请用自己的工资买了房子、车的人向前走一步；请靠自己最近升职的人向前走一步……"

主持人的一个个问题过后，那些之前的落后者已经站在了与"富二代"同样的起跑线上。主持人说："看吧，世界是不公平的，但我们可以通过自己的努力将它变得公平。"

路是自己走出来的，不要对着天空祈求上帝给予公平，好运是自己创造出来的，主动出击才能使你脱颖而出，获得意想不到的成绩。世界上最令人后悔的事是，你从未开始，它就已经结束。

万娇刚结婚那会，经常与朋友在一起抱怨，说老天对她真是不公平，老公结婚之前那么好，可是结婚之后就变得不认识了。

原来，婚后万娇和婆婆一起生活，她不擅长做家务，无力去管家中事，也不想去管。万娇的老公没有主见，又很孝顺，遇到问题就习惯找妈妈。于是，在家里婆婆说什么，老公就听什么，有时万娇的意见和婆婆的意见相左，一般情况下老公都会听婆婆的，这让万娇觉得生气，又发泄不出来，只好跟老公生闷气。

那段时间，万娇做什么都没有精神，工作时无精打采，整个人仿佛颓废掉了一样。她天天像祥林嫂一样不停地叨叨："我觉得上天太不公平了，为什么人家婚后生活都这么美满，我就这么乱……"

但是过了一段时间，万娇整个人变得容光焕发，工作上也不断加薪。细问才知道，原来万娇觉得这样的生活很痛苦，并不是自己想要的，总报怨不公，那是因为自己没有为改变做出努力。

"所以，我改变不了老公和婆婆，那就改变自己的心态，努力让自己更好！"她说。

于是，她把更多的心思用在工作上，心情看开了，工作又努力，很快升职加薪都是预料之中的事情！

现实中，很多人过得很不顺遂。也许是人际关系很糟糕，也许是事业发展受到层层阻碍，也许是爱情上频频失意，也许是身心问题从不间断……此时，很多人会第一时

间怨天尤人，甚至怀疑自己的命不好，殊不知，很多时候，种种不顺只是因为我们受困于自身思维的狭隘和视角的主观罢了。

别人的家庭和睦必然经过了人家的一番努力才得来。自古以来，婆媳关系紧张是太正常的现象，但你不努力改变，又怎能像别人一样融洽呢？这与上天没有关系，而是自己的心态问题。

这个世界并非有权人的世界，也并非有钱人的世界，它属于懂得努力的人。因此，无论什么时候，你想要抱怨生活、命运对你不公时，不妨问下自己：你为自己争取了吗？苹果树上最红最甜的苹果，往往在最上端，是需要你花费更多的力气。

你被淘汰了，这才叫公平

一个人的选择以及生活方式，决定了你将会拥有一个什么样的未来，"路漫漫其修远兮，吾将上下而求索。确定一个目标，向着它努力，即使艰难也不放弃，那样你才不会成为生活的弃儿，获得上天给予的公平。

周六早上七点，张朋被一阵急促的电话铃声吵醒。迷迷糊糊中，他接通了电话，只听见一个熟悉的声音兴奋地说：

"猜猜我现在在哪儿？"

电话是好友刘飞打来的。张朋半开玩笑地说："印度。"

刘飞笑着说："告诉你，我在华尔街。我为此整整努力了五年，现在终于实现梦想了。"

张朋这时才想起，他曾经和刘飞约好毕业后要一起到美国华尔街溜达一圈。现在，他工作日朝九晚五地为一份糊口的工作奔波，周末在被窝里等着太阳升起，早把几年前的话忘得一干二净，而刘飞居然真的跑到了华尔街。张朋发自内心的羡慕，也不禁感慨刘飞说到做到的洒脱。

刘飞说如今出国很方便，只要你想就可以实现，张朋却摇摇头，说："我没时间，也没钱，还有我口语不好，恐怕这辈子也不能像你一样洒脱。"

刘飞没好气地说："那你就在梦里继续羡慕吧！"说完就挂了电话。

刘飞是张朋大学时代最好的朋友，他们一起去图书馆，一起去食堂，一起打篮球，一起憧憬未来。

刘飞一直都活得很洒脱，但他是个目标超级明确的人，只要预定好了目标，就会用尽全力实现。而张朋却一直活得浑浑噩噩，懒懒散散。刘飞手里拿的是厚厚的世界名著，如《追风筝的人》《雾都孤儿》等，而且是英文版的，而张朋在图书馆里抱着的却是武侠小说。张朋当时还嘲笑地问刘飞："你能看得懂吗？"刘飞拿起手边的辞典，说："不是有它吗？"

为了提高英语成绩，刘飞提议每天晚上学两个小时英

语，听、说、读、写全都练。张朋答应了，但也不过是口头答应了，之后不是因为懒，就是因为有其他的事，一周下来，能有两天按部就班地学英语就不错了，而刘飞则说到做到了。大二下学期时，刘飞四、六级均顺利通过，张朋勉勉强强才过了四级。

临近毕业时，两人说好要一起考研，目标是上海外国语学院。因为英文底子差，张朋最终放弃了，而刘飞却如约地迈进那所大学的校门。

再然后，两人天各一方，常有联系，却鲜少见面。从上海外国语学院毕业之后，刘飞放弃了校方留校任教的建议，一个人任性地跑到美国华尔街。在华尔街的那段日子，刘飞四处应聘工作，因为专业能力强，英文底子强，接连几家公司向他抛出"橄榄枝"。

刘飞并没有急着上班，他对自己的人生进行了规划，最终选择了一个适合自己且有前景的工作。不过几年时间，他就成为呼风唤雨、坐拥豪车的上流人士，而张朋依然朝九晚五地忙碌着。

张朋和刘飞公平地于同一起跑线开跑，而他们起跑的姿势就注定了最终的成绩。张朋似乎是被日子拖着前进，而刘飞却在与日子一起飞翔。同一起点开始爬楼梯，如果你不努力向上爬，就会被别人甩在后面，不是上天给了他们什么好运，而是你选择了放弃。

我们总感慨别人生活得多么幸福，上天对自己为什么不公平，那么打量下自己，你就能明白。你躺在床上拿着手机刷屏时，别人在加班写着文案；你在为了吃一口美食排队等候时，别人只是凑合喝了一杯咖啡就匆匆出差；你抱着电脑"打怪"时，别人已经建立了自己的关系网；你对着上天叫喊不公时，别人已经站在了领奖台上……

是上天对你不公吗？时间不会亏欠任何人，只是你亏欠了时间，这样的你会被淘汰，那才是上天最大的公平，"物竞天择"本就是大自然的规律。生命只有一次，不可重来，如果你想过自己想要的生活，就付出相应的努力。

老张是村里的第一个大学生，省城原本有一家企业早早地就向他抛出来"橄榄枝"，但大学毕业后，他还是回到了家乡，理由是："这个地方不大，但我还是想过安稳的生活，能够跟父母生活在一起，老婆孩子热炕头，没事时和一群朋友吃吃喝喝，不用为房租和搬家发愁，每天乐得逍遥。"

于是，按照他的想法，他在一家机械制造厂工作了整整十年，是亲戚朋友间工作最稳定的一个。他每天按时上下班，早八晚四，拿着固定工资，十年如一日，从没换过工作。

这个工作工资固定，有吃有喝，老张对这样的生活状态满意极了，但近年来，厂子效益越来越差，陷入产量越多亏损越多的怪圈，老张的工资开始"缩水"，也开始逢人抱怨赚钱少、发展难，抱怨自己混得不好。

有人建议老张可以换一种生活，他点点头又摇摇头，

说："每天都在想，可是怎么换呢？毕竟这份工作很稳定，有保障，而且别的工作太有挑战性了，我恐怕也吃不消！"

后来，厂子因效益问题准备裁员，不幸的是，老张的名字就在裁员名单上。

从那以后，老张开始打一些零工，帮人搬运东西或者修缮房屋之类的，也时常借酒消愁，感慨自己清闲了半辈子，到现在一把年纪反而辛苦劳碌。

一个人的选择以及生活方式，决定了你将会拥有一个什么样的未来，"路漫漫其修远兮，吾将上下而求索"。确定一个目标，向着它努力，即使艰难也不放弃，那样你才不会成为生活的弃儿，获得上天给予的公平。

□ □ □

幸运不是天生的，而是吸引过来的

如果羡慕成功的人，就开始努力吧。当你通过努力为自己储备好了充满能量的气场时，幸运自然也就来了。请重视你心里所期待的东西，在内心充满对未来的渴望，那么幸运就会来到你的身边，助你一臂之力，因为幸运从来舍不得任何一个努力的人失败。

艾什莉是世界上最幸运的人，始终受着生活的眷顾，称得上是上帝的宠儿。

　　她随便买一张彩票就能够中头奖；毕业后未费半点周折就在一家知名的公司做了项目经理；在繁忙的纽约街头想要搭计程车，很快就有好几辆车都向她驶来……

　　她的生活和工作，可谓是一路畅通，幸运的光环一直围绕着她。

　　杰克是另一个极端，他好比世上的"天煞霉星"，只要有他出现的地方，就一定有霉运。新买的裤子看上去好好的，可一穿就断线；工作上，他更是没有艾什莉那么幸运，只是一家保龄球馆的厕所清洁员；更倒霉的是，医院、警察局、中毒急救中心，是他经常光顾的地方。

　　这是电影《倒霉爱神》中的两位主人公。当你看到上面的两个人物时，定会不禁哑然失笑。不过，你有没有想过，同样是生活在一起的两个人，怎么有人幸运，有人倒霉，而且差别还这么大？这是天生的吗？难道真的是上帝冥冥之中的手笔？不，更准确地说，这应该是人的气场在发挥作用。

　　艾什莉之所以处处幸运，是因为她的内心充满着对好运气的渴望，这种渴望促使她去感受美好，追求快乐。你不惹春风，可春风到了季节，自然会吹来。而杰克呢？他的生活简直就如掉进了灰土堆中一样，他的潜意识里不断地提醒自己：我就要倒霉，所以，倒霉的事真的接二连三地来了，甚至想甩都甩不掉！

　　请相信，我们每个人体内都有一个独特的气场，这气场像磁场一样，如果你充满阳光，充满正能量，那磁场自然吸引来的是正面的、积极的事物，自然就会走向成功；而如果你的气场充满了负能量，你吸引来的只能是一些灰暗的、消极的事物，定然只能走向失败。

换句更确切的话说，当你为自己设立了一个目标的时候，就要积极地努力下去，无论遇到怎样的风雨阻隔，你都要前进，你的目标自然就会实现。世界上的成功者，总被人称为"幸运儿"，但幸运并不是天生的，而是靠自己不懈的奋斗得来的。

幸运的人，路会越走越顺，因为他的磁场中充满了能量。世界是很神奇的，回想一下：你有没有突然遇到过日思夜想的人？你有没有突然收到日思夜想的礼物？你有没有一个问题无法解决处于冥思苦想时，突然豁然开朗、大彻大悟？……这些体验每个人都有过，那么再回想一下：你有没有在一天中连连受伤？你有没有从早到晚一整天都情绪莫名低落？你有没有在某个时间段总是说错话？……这些体验，估计你也是曾经有过的。

是什么在左右这些幸运与不幸呢？当然是你自己。如果你精神饱满，总在为着自己的目标而努力，你就一定会发现很多条通向自己目标的路。比如，你看似"突然"见到了人，可能就是因为你知道他可能会经过那里，你才会在那里"路过"。你看似"突然"收到了礼物，一定是你平日对礼物的渴望让关心你的人感受到了……幸运就在那里，你努力了，它自然就会被你吸引来了。

　　而那些霉运呢？你摔倒了，精神就会涣散，专注力自然就会下降，再次摔倒也就并不稀奇了；你说错了一句话，就想用以后的话去弥补，可依据"越描越黑"规律，你自然就会错误百出……所以，遇到霉运时，最正确的做法就是停止你的动作，找到原因，调整气场，在行动之前做好一切准备。

　　杨丽萍是中国有名的舞蹈家，她的《雀之恋》让人惊叹，一个人怎么会有如此的仙姿与灵气？再看她本人身材纤细，从内到外也散发着一股超脱的气质。

　　"您是如何保持身材的？"记者问。

　　杨丽萍拿出了自己的食谱："早上 9 时喝一杯盐水；9 时至 12 时喝三杯普洱茶；中午 12 时午餐，一小盒牛肉、一杯鸡汤和几个小苹果；晚餐两个小苹果和一片牛肉。"这是她一天的食量，并且是在高强度、不间断的舞蹈训练时所食用的全部东西。

　　而且，杨丽萍 20 多年来坚持不吃米饭，因为她认为碳水化合物较难消化。只要有演出，之前她肯定不吃东西、不喝水，理由是："人只要一吃饭一喝水，不管多瘦，胃就会鼓出来，不好看。"尽管吃得如此少，但杨丽萍却比较注重运动，除了每天练习三四个小时的舞蹈之外，她至少会做小腿伸展运动 10 分钟，走路或站立 2 小时，每周至少做 3 次有氧运动。

　　记者关切地问："会不会饿？"

杨丽萍笑着答："热量已经够了。你看我还不是照样跳舞，从没有倒在台上。"

人们时常感叹像杨丽萍一样成功的人是幸运儿，上天对他们都是有所眷顾的，但却不知道那背后是如何的艰辛。杨丽萍无论是控制饮食，还是坚持运动，她自然而然地照做。所以，杨丽萍哪怕年近六十，依然青春、美丽、清瘦，有仙姿，有灵气，仿佛被时光定格一般，这种美不可复制，不可亵渎。

幸运不是平白地就来到你身边的，每个看似幸运的人，背后都曾经付出了比别人更多的努力，机会总是留给有准备的人。你正羡慕身边的那些交际明星、职场红人，他们幸运极了，能力出众，春风得意，上司欣赏，客户喜欢，同事佩服……如果羡慕，就开始努力吧。当你通过努力为自己储备好了充满能量的气场时，幸运自然也就来了。

请重视你心里所期待的东西，在内心充满对未来的渴望，那么幸运就会来到你的身边，助你一臂之力，因为幸运从来舍不得任何一个努力的人失败。

▭ ▭ ▭

不逼自己，你永远不知道自己有多强

人生下来时从来不会放弃任何一件事，但随着年龄的增长，人性中的惰性、安于现状的心理就会被激发出来，这时我们就需要逼自己一把，就像小时候壮着胆子迈出第一步时一样，大胆地走出去。

郭培是"北漂"中的一员，两年前，她兴冲冲地来到北京。不过，一切新鲜感很快就被窘迫的生活消磨干净。

她的朋友帮她找了一个廉价的出租屋，灯光昏暗，过道狭窄，房间小得只能放下一张床和一张桌子，最让人受不了的就是隔音效果很差，这使得她常常失眠。

她安顿下来后，就开始了各式各样的笔试、面试，历经两个多星期，才找到了一份工作。不过，实习期对每个人来说都是难熬的，郭培也是同样。繁重琐碎的工作任务堆成了山，而那微薄的工资却少得可怜。

最可悲的是，她觉得自己在混日子。办公室里都是上了年纪的大妈大叔，每天谈论的话题无非谁家的孩子要了二胎，东二街菜市场哪家的蔬菜和水果最新鲜，楼上财务部的某个阿姨上个月离婚，等等。

那段时间，郭培陷入了困惑，既不能在工作中得到满足，又要为了生活而节衣缩食，她感觉自己的人生简直就是一团乱麻，而且她连畅想未来的勇气都没有。

她开始变得颓废，和办公室的大叔大妈们一样变得是非起来，"混"开了日子。

不过，这样的日子没过多久，郭培就"醒"了。她想：人说"置之死地而后生"，我还这么年轻，什么时候是个头，

何不在这时逼自己一把呢？万一我能改变这一切呢？

于是，郭培开始积极尝试着融入自己的工作，逼着自己在工作上精益求精。她发现那些大叔大妈并不是"混"日子，而是经验丰富，于是她开始了又一次学习。她逼着自己没日没夜地工作，狠狠地纠正自己的不足，逼着自己迎着生活的暴风雨前行。

努力总会有收获，郭培出色的工作得到领导的赏识，并得到重用，工资翻倍，事业前途变得一片光明。

常听这样一句话："女子本弱，为母则刚。"为什么柔弱的小女子成为母亲后，会变得那样强大呢？根本的原因就是"逼"出来的。从生产开始，母亲要忍受撕心裂肺的疼痛将孩子生出来，哪怕之前再怕疼，生孩子的那一刻也会变得很坚强。孩子出生后，再也没有睡过一夜整觉，哪怕之前再贪睡，只要孩子一动，你就会醒来。

有人说，这是"母亲"伟大的天性。母亲是伟大，但天性并不值得赞同。如果母亲没有逼自己忍受疼痛而生产，没有逼自己做一个合格的母亲，那天性又能起到几分作用？

现实是无情的，竞争是残酷的，人最愚昧的一点就是——自欺欺人。明明碌碌无为还要安慰自己平凡可贵，将自己的失败归于没有背景，没有遇到贵人，没有高学历。其实，每个人都要明白一个道理，人的潜力是无穷的，你不逼自己一把，从来就不知道自己的潜力有多大。

黎哥是一名普通大专毕业生，进入工作单位后，老板却很器重他，年纪轻轻就做了制作部门的主管。

原来一直以为他只是好运，后来才发现，他从前期策划到后期制作无所不精，而且还懂得业务营销，是一个不可多得的全才。特别是黎哥为人很好，对于初入职场新人都十分照顾，倾囊相授。

黎哥虽然已经升为部门主管，但他整天不是在工作，就是学习新技能，而且这种工作状态往往持续很长的一段时间。下班后或周末，同事们经常相约一起去聚餐、K歌，黎哥永远找理由不去，宁愿在公司加班。即便他偶尔去了，我们也私底下嫌他太严肃，因为他只会聊他的工作和职业规划。

同事对此都很不解，一个同事问："黎哥，您已经很成功了，为什么还这么拼？"

黎哥没有直接回答，而是反问道："你有没有在大雨中奔跑两小时的经历？"

同事摇摇头，黎哥继续说道："那时我正在实习期，一次我到郊区拜访一位客户，准备返回时突然下起了雨，我站在寒风里瑟瑟发抖，而最后一辆公交车已经走了。雨越下越大，打出租车又觉得贵，而且晚上我们还有课，我只好冒着雨跑回学校，晚上脚踝红肿得疼痛。这一路，汗水夹着雨水，足够我想明白很多。我要努力，要赚钱，最起码，不要再因为贫穷让自己的脚受苦。"

所以，人有时需要狠狠地逼自己一把，哪怕前面的路坎坷难行，哪怕会摔得头破血流也要用力一搏，因为你往前走一步，就离成功更近了一步。你慢慢向前走，就会慢慢变好、变强，事业、生活、爱情等方面都是如此。

中国有一道菜叫"泥鳅钻豆腐"，将泥鳅和豆腐凉水下锅，水慢慢变热后，泥鳅就会钻进相对较凉的豆腐中，那是泥鳅求生的本能，也是我们用"逼迫"的方法让泥鳅如我们所愿，因此才成就了这一道菜、这一道美味。所以，"逼迫"是一种助推，是一种积极的扶助，对别人狠心"逼迫"，对自己更要狠心。

我们每个人都像是"温水煮青蛙"实验中的那只青蛙一样，水在慢慢加热，如果你不顶开盖子跳出锅来，只能是死路一条。所以，如果你现在正处于无助迷茫中，就得有逼自己的勇气与决心，这便是"置之死地而后生"。

所以，当你责怪自己放不开手脚、畏畏缩缩时，不妨现在就逼下自己，赶紧去做一件你一直想做却没有勇气去做的事。天降大雨，我们必须在雨中拼命奔跑才能找到避雨的地方。当你觉得自己普普通通，毫无突出之处时，不妨逼下自己，全方位地调动起自己，集中火力来一次壮举，当你听到别人说"原来你这么厉害"时，你就成功了。

人不能甘于平庸，哪怕是有一点点想法，就要努力去实现。人生下来时，从来不会放弃任何一件事，但随着年龄的增长，人性中的惰性、安于现状的心理就会被激发出来，这时我们就需要逼自己一把，就像小时候壮着胆子迈出第一步时一样，大胆地走出去。

只有逼自己一把，你才知道自己有多么强大；只有逼自己一把，你才知道原来成功并不遥远。

▢ ▢ ▢

别说你比谁差，你只是还不够努力

在这个世界上，任何事情都不是绝对的，没有彻底的黑、彻底的白，更不会有彻底的万无一失。人生没有绝对的优势，当你因为自身具备的优势而认为可以侥幸度过人生的每一个关卡时，你的失败也就已经注定了。没有努力而得不到的东西，只是你的努力程度而已。

清晨，宾馆中走出三个人。

他们来自不同的地方，因为这几天天气预报说有雨，他们都在担心着。

甲担心雨很大，便随身带了一把雨伞；乙担心雨后路滑，便随手拿来一根拐杖；只有丙，什么都没拿，他说："我出来就是玩的，淋了雨回来，洗洗就行了呗！"

预报中的雨来得有些迟了，一直到傍晚时分，才迎来了一场淅淅沥沥的小雨。小雨停后，三个人陆续回到了宾馆。

甲身上一块干的地方都没有，全身都湿透了，一回宾馆便赶紧跑回房间洗澡。

乙淋了一身的雨，而且身上还跌了几处瘀青，他赶紧找医生来给自己上药。

丙呢？令人想不到的是，他身上没有太多的雨水，鞋上也没有多少脏污的痕迹。

老板看到这一幕，赶紧跑上前去问丙："你怎么回事，难道他们把雨伞和拐杖都给了你吗？为什么准备周全的他们狼狈不已，什么都没带的你却毫发无损呢？"

丙哈哈大笑，说："老板，您真有意思，其实我们走的并不是同一条路线。"

"啊？你的意思是你走的路上没雨？"老板惊讶地问。

"当然不是，怎么可能没雨。我没有拿伞，所以一下雨我就找地儿躲雨，没有拿拐杖，所以走路很小心，因此才会平安地回来呀。"丙笑着说。

老板听了不由伸出大拇指加以赞赏。正在这时，甲和乙也出来了，他俩边走边说着。

甲生气地说："我拿着伞以为自己淋不了雨，连躲都没躲，而且我知道路滑走得太小心了，结果伞没撑不好，淋了个'落汤鸡'。"

乙笑着说："哈哈，你甭生气，我还不是一样，以为拿着拐杖摔不着，就没仔细看路，这不摔了几次呀。"

丙没有任何"优势"，却成了最"平安"的人，那是他在处于劣势的情况下，更加努力的结果。在我们身边，很多人总是各种抱怨：老板不赏识，同事不友善，朋友不可靠，亲人也背叛……于是，他们将这一切归咎于命不好，变得自暴自弃。

其实，人的一生总会有起伏，优势、劣势也会相互转化，不要总说自己很差，其实仔细想一想，自己的"差"只是因为不够努力。一个人成功与否，关键不是在于他拥有多少优势，而是在于他自身付出了多少努力，为成功投注了多少心力。人生不存在绝对的优势，只有绝对的努力。

在每年的家庭聚会上，有一个保留节目就是攒底表演，即吕冀的花式滑板技术。

吕冀摆好障碍物后，拿起滑板，以娴熟的动作绕过一个又一个的障碍物。之后，他再创新高，又完成了很多高难度的空中动作。

亲戚们为他鼓掌喝彩，纷纷赞叹："吕冀前途无量呀！""吕冀的运动神经太发达了，真是了不起！""你技术真棒，简直太聪明了。"……

吕冀听到这些赞美后，只是笑笑不说话。

这时，很多人还在夸赞吕冀运气好、天生运动神经发达的同时，还要求吕冀再表演一遍。妹妹突然撩起吕冀的裤脚，说："是的，我哥哥的运动神经固然不错，但你们不知道，他每天至少要用四个小时的时间来练习滑板，你们看这些瘀青，就是他努力和付出的证明。如果没有辛苦的练习，我们绝不可能看到今天这么精彩的表演！"

就像故事中的亲戚一样，我们看到别人成功，总喜欢把他们归咎在出身、背景、基因等看似合理的原因上，而从不考虑他是否努力。其实，每一个成功者的背后都有一把辛酸的泪。小猴子为了学会几个简单的动作，被驯养师打了一遍又一遍。像小猴子一样，很多小动物在驯化后变得很"聪明"，那不正是它们自身努力得来的评价吗？

每一个爱跑步的人，似乎都有一颗参加马拉松的心，他也一样。虽然他是一个年轻力壮的小伙子，但想要跑完全程马拉松是很困难的，于是他参加了专业训练。训练基地处于遥远的郊外，四周是崇山峻岭，每天凌晨两点钟，教练就让年轻人起床，在山岭间训练。尽管他每天辛苦训练，却一直进步不快。

一天清晨，年轻人像往常一样训练，谁知忽然听见身后传来狼的叫声，开始只是零星几声，距离也比较远，但是狼叫声越来越近，越来越急促，好像就在自己身后。年轻人知道，这郊外有野狼存在，而自己不幸地被一只狼盯上了。为了活命，他不敢回头，拼命地跑。结果，那天他比任何时间都早到终点，成绩提高了很多。

"你今天跑得比以往都快，是什么原因？"教练问。

年轻人回答："我听见狼的叫声。"

教练意味深长地说："原来不是你不行，而是你身后缺少了一只狼。"

后来年轻人才知道，那天清晨根本就没有狼。他听见的狼叫，是教练模仿出来的。从那以后，每次训练时，他都想象着身后有一只狼，逼迫自己拼命地奔跑，而他的成绩也开始突飞猛进地提高。终于，他第一次参加马拉松比赛时，依然想象着自己的身后有一只狼，最终名不见经传的他，不仅在比赛中获得冠军，并且打破了世界纪录，一下子成为世界关注的焦点。

年轻人的潜能原本就存在着，一直不如人，是因为他不够努力。可当生命受到威胁的时候，他的潜能就被激发了出来，或许他想要获得成功，但是却没有狠狠逼自己一把的意识，或是不愿意逼自己付出最大的努力。

当然，如果你是人生的幸运儿，那么请提高警惕，丢弃你的侥幸心理，依赖优势是你必须克服的心理症结；如果你一向自觉命运抛弃了你，那么请重拾信心，停止一切的自怨自艾，你要相信，自己的不懈努力与坚持，才能得到自己想要的东西。

在这个世界上，任何事情都不是绝对的，没有彻底的黑、彻底的白，更不会有彻底的万无一失。人生没有绝对的优势，当你因为自身具备的优势而认为可以侥幸度过人生的每一个关卡时，你的失败也就已经注定了。没有努力而得不到的东西，只是你的努力程度而已。

▢ ▢ ▢

再不顺，也不能对生活失了热情

生活本就不是一件容易的事，为什么不以饱满的热情让自己快乐点呢？不顺时，以饱满的热情将不顺赶走；顺利时，以饱满的热情乘胜追击。保持对生活的热情，就是保持我们的自信、勇猛、毅力，保持我们对纯粹与彻底的向往。

美国作家威莱·菲尔普斯是一个对生活并不那么注重的人，一天他去纽约的第五大道闲逛，突然想起家里没袜子了，于是打算就近买一双袜子。

他看到有一家袜子店，就走了进去，接待他的是一个不到 17 岁的少年店员。这位店员打扮得很精神，当看到有客人来时，就第一个迎了上去："先生，您打算买袜子吗？"

威莱·菲尔普斯说："我想买双短袜。"

这位少年眼睛闪着光芒，话语里含着激情，说："您知道吗，你现在所在的地方，是这个世界上最好的袜子店。您需要一双什么样的袜子？"

菲尔普斯一愣，他没有想到一个卖袜子的人竟然会有如此的激情，他仅仅是需要一双短袜罢了，走进这家商店也纯粹就是一种偶然。

那个少年小心翼翼地从一个个货架上拖下许多只盒子，然后把里面的袜子展示出来。

菲尔普斯感到非常不可思议，他对这个小伙子说："你不用拿出那么多，我只想买一双！"

少年礼貌地笑笑说："这我知道，我想让您看看这些袜子有多美，多么漂亮，是不是好看极了！"

少年将袜子盒托在手上，像捧着宝贝似的展示给菲尔普斯看，他的脸上洋溢着庄严和神圣的狂喜。

菲尔普斯被这个少年吸引了，他现在早已经不再考虑买什么样的袜子，或者说根本就把买袜子的事情抛于脑后。

菲尔普斯亲切地对少年说："年轻的朋友，如果你这样的热情不是因为出于惊奇，也不是因为刚得到了一个新的工作，而是对工作、对生活都如此的热情的话，如果你能天天如此，把这种热心和激情保持下去，不到十年，你就会成为美国的短袜大王。"

热情对于一个人来说，往往是在有新鲜感的基础上产生的，然后随着爱去顺延，但是如果没有爱，热情自然也会被时间慢慢消耗掉。小时候，我们因为买了一个新玩具而高兴得不得了，天天拿在手上，这便是"热情"最初的状态。但随着时间的推移或者其他更有趣玩具的产生，"热情"便会降温，这是一个人最本能的反应。

由此可以判断，如果一个人能将"热情"一直保持下去，那他必然会大有作为。现实生活中，日子过久了，"热情"也就没了，所以才会产生抱怨、感叹等情愫——感叹自己命不好，感觉到失业、生病、股票大跌等倒霉的阴影如影随形。

悲观的情绪像一张不透气的大网一样，将你缠得无法呼吸，所以每天早晨只能像是行尸走肉一样去上班，晚上回到家里躺在床上，一夜做了无数个梦才到天亮。到了第二天，仍然重复着前一天的生活，消极，倦怠，不满于现实，却又无力改变。

有人说，婚姻是爱情的坟墓，两人本以相爱开始，但因时间地流逝渐渐对对方失去了原有的热情，所以才会觉得婚姻无趣，或争吵不休，或冷战无语，这样的婚姻又有什么意思？不如从现在开始试着改变，为自己装扮起来，每天将家收拾得干净漂亮，在废弃很久的花瓶中插上最爱的鲜花；拿着丢在妆台很久的眉笔，穿起衣柜中最漂亮的衣服，做一桌美味可口的饭菜，两盏烛台，一瓶红酒，彼此聊一聊过去，聊一聊现在……

有人说，工作不如意，埋怨千里马难遇伯乐，感叹自己如困龙搁浅在了沙滩上，与其做一个"怨妇"不如从现在开始改变，收拾好自己的办公桌，努力完成手头上搁置许久的工作，对同事、领导常常微笑，将自己低沉的语调升高，调动起身体上所有的细胞，告诉自己："我的工作很好，是一个充满活力与激情的人，加油！加油！加油！"

读中学的时候，琳琳是班里的学习委员，总是担心自己成绩不好，经常是一副严肃的表情，以至于不少同学私底下说琳琳班干部"范儿"足。

一年暑假，琳琳和家人一起去看小侄女所就读幼儿园的一场才艺表演。当年小侄女只有五岁，这是她的第一次登台表演，同伴们亦是如此，大家不免都有些紧张。

这是一场舞蹈表演，几个小姑娘穿着统一的白色纱裙，红色的小皮鞋，打扮得十分好看，只是大家看起来一脸严肃，使琳琳感到一丝不协调，毕竟这是一首欢快的曲子！忽然，最边上的一个小女孩让琳琳眼前一亮：她的嘴角微微扬起一丝微笑，只是一个简单的动作，就足以吸引到观众们的注意力！

琳琳在下面默默地想：是什么使她能在这样紧张的比赛中微笑。很长时间，琳琳才想明白，让她微笑的原因就是自信。这个微笑让琳琳认识到，人要自信地微笑，再自信地做好该做的事。自此，琳琳开始发自内心的微笑，考试前每天都会对着镜子开心地笑几次，心中默念，"琳琳有实力，琳琳能考好"。

毕业几年后，当年的中学同学再看到琳琳，他们都有些不敢置信，因为琳琳已经从一个不苟言笑的"班干部"变成一个时常将微笑挂在嘴边的女人。直到现在，琳琳也仍旧喜欢微笑，发自内心的微笑。而这也真的给琳琳带来了好运，让她获得了许多朋友，许多快乐，生活和事业都很美好。

微笑是对生活充满热情最外在的表现形式。每天多对自己笑一笑，便可以将阴霾赶跑。生活中可能会有太多的焦虑，关于年龄、身体、情感等，因为只要有思想、有追求、有比较，就会有焦虑。急剧扩张的城市中，焦虑也以极度夸张的方式扩展着、延伸着。遭遇失败，难免会情绪低落，但是你千万记住，不能让自己的低落情绪不可控制。

有这样一个实验，人们在一只猴子面前摆上一些食物，然后将猴子放在玻璃箱中，猴子能够透过玻璃箱看到食物。最开始，它并不知道它与食物之间隔了一层玻璃，非常急切地想要得到这些食物，于是一次次因撞在玻璃上而弹了回来。但是，它还是百般努力，但一次又一次都被撞回来后，已经不再那么激动地扑向食物了。

过了一段时间，它再次扑过去，结果又撞了回来。几次三番后，猴子不再扑外面的食物了，实验人员拿走玻璃罩，但猴子并没有动，它已经对那个食物没有了热情。

一次次的希望破灭，让猴子彻底对食物失去热情，这个实验就是心理学疗法中的脱敏疗法。很多时候，我们对一件事物的热情会随着时间消磨掉，所以必须要时刻提醒自己，不能使自己失去对生活的热情。

生活本就不是一件容易的事，为什么不以饱满的热情让自己快乐一点呢？不顺时，以饱满的热情将不顺赶走；顺利时，以饱满的热情乘胜追击。保持对生活的热情，就是保持我们的自信、勇猛、毅力，保持我们对纯粹与彻底的向往。

↗

03
CHAPTER

一点雄心都没有，
谈什么名利双收

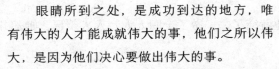

　　眼睛所到之处，是成功到达的地方，唯有伟大的人才能成就伟大的事，他们之所以伟大，是因为他们决心要做出伟大的事。

　　可以说，一个人的发展在某种程度上取决于对自我的评价，这种评价就是定位。在心中你给自己定位成什么，你就是什么。

■ ■ ■

人没梦想，和咸鱼有啥区别？

千万不要丢了自己的梦想，人要是没有梦想，与咸鱼又有什么区别？很多时候，风险越大，机遇就越大，成功就越大。做自己想做的事，为着梦想而努力，总有一天，你会发现你做的一切都是值得的。

她一毕业就结了婚，做了全职太太，人人羡慕，她却并不快乐。

从小开始，她就喜欢写作，有一个梦想，想成为一名作家。不过，她知道，要成为一名作家，必要有丰富的文学素养，有足够的阅历和知识储备。而她，普通大学毕业生，毕业后也一直没有工作。

梦在心里，总是想要实现的。她总问自己："放弃吗？普通的大学生就无法成为作家吗？全职家庭主妇就没有什么人生阅历吗？"

闺蜜知道她的想法后，劝她说："这条路实在是太难走了。多少人写了许多年，依旧寂寂无闻，一无所成。如果你想工作，不如趁年轻找一份稳定、有前途的工作，以写作为生，只能做好穷得吃土的准备。"

她笑笑说："那我就准备一下吧，梦想不能总在心里，这种煎熬太难受了。"

闺蜜说："你三年没工作，不知道现在的工作状态，你这种选择就有只付出收不到回报的风险。算了吧，何必呢？"

她很坚定地说："想要实现梦想，就必须有尝试的勇气，有敢于行动的胆识。"然后，拍拍闺蜜的肩膀，继续说，"有尝试就会有风险，或许我会遭遇更多的失败，但是谁能保证这一次失败就不是一次机遇呢？我决定试试，先写一段时间看看。不付出行动，又怎么知道自己不行呢？即便我最后真的没有成为作家，我想我的写作也会提高很多，对于未来也是有好处的。况且，写作会让我觉得每天都很充实，没有虚度光阴。"

闺蜜知道她的脾气，劝也没有用，但还是想把利弊分析给她听："你想下，这种风险不只影响到你，还影响到你的老公、父母，你工作他们可能不反对，但你整天在家写东西会被他们看作虚度光阴的。"

她笑着说："我会证明给他们看的，我不是一个盲目的人，在这之前，我一定要开始抓紧时间读书，让自己变得更加充实。"

说到做到，她开始了自己的写作生涯。她并不像其他网络作家一样，只在乎抓住读者的猎奇心理。她的文章追求的是文学素养，表达很深刻。写作之余，她选择了能够开拓见识并引人思考的书籍来阅读，包括美国著名学者戴尔·卡耐基的《做内心强大的女人》、美国作家汤马斯·佛里曼的《世界是平的》、中国柏杨的《中国人史纲》等。

通过读书、思考、写作相结合的锻炼，她很快就学会了安静地思考，而且眼界也变得更加宽阔，写作能力迅速提高。

后来，她将自己的随笔练习放在了微博上，没想到，刚放上没过多长时间，就出现了众多转载她文章的网络媒体和知名网络媒体人。

几个月后，她收到一家报社的"求才"通知。她出色的文笔和新颖的观点，吸引了这家报社主编，她也被聘为专栏作家。与此同时，她又开通了自己的公众号，受到十几万读者的青睐和欢迎。

这是一个很励志的故事，一个女人从家庭主妇成为著名作家，但是当你感动之余是否在思考，是什么让她走向了成功呢？

这是梦想的力量。人生在世，总要有一份督促自己前进的力量，这便是梦想赋予的。但是很多人却因为害怕、担心而产生过多的疑虑，放弃了自己的梦想，还找了一个说服自己的理由：梦想遥不可及。

哪是梦想遥远？是因为自己的心不坚定。无论做什么事都是有风险的，都会有挫折、失败，做了有失败的可能，但不做就一定是失败。人小时候是很喜欢做梦的，但随着年龄的增长，把那个最美好的梦渐渐丢弃了。

柚子自幼是一个各方面都很普通的女孩，高考时成绩也很普通，父母早早为她规划好了未来：上一所普通师范类学校，毕业后在老家做一名小学教师，平平稳稳过一生。

但柚子却不想把一生就那么交付了，她说："我不喜欢那样的生活，我还年轻，还有梦要去追，所以想复读再考。"

那一年，她每天只睡四五个小时的觉，其余时间都用来复习，人整整瘦了十几斤，最终拿到某本一高校的录取通知书。

小时候，柚子最大的愿望就是去上海，她喜欢上海的精致繁华。毕业后，柚子成为上海一家广告公司的策划。上海不如想象中的那么美，处处充满残酷的竞争。柚子刚开始一直住着拥挤的合租房，亲戚朋友们得知后纷纷劝说她回老家，她却说："老家的确会过得舒服一些，但是也过于安逸。上海虽然竞争残酷，但也装满机会，只要耐心地寻找，我相信，总有我的一块立足之地。"

这几年，柚子兢兢业业地对待工作，颇受领导的重视和青睐，也在上海站稳了脚步。只有一点是遗憾的，她把自己拖进了大龄女的行列。亲戚朋友们忙着给她介绍对象，柚子去了一次又一次，却始终没有遇到自己觉得合适的那个人。

于是，她的爸妈整天和她唠叨"差不多就行了，别把自己拖老了"，柚子却不慌不忙地回击道："你们以为这是挑衣服呀，不合适再换换？既然是要找陪伴自己一生的人，我当然要挑选一个自己中意的人，最起码要合眼缘，三观正，绝不妥协。"

柚子还再次向爸妈强调说："我的梦想我一直在坚持着，从未放弃，所以我不喜欢向生活妥协，妥协只是看起来省力了，一旦你妥协了第一步，哪怕是小小的一步，你就很难再有心气往前迈进了。"

千万不要丢了自己的梦想，人要是没有梦想，与咸鱼又有什么区别？很多时候，风险越大，机遇就越大，成功就越大。做自己想做的事，为着梦想而努力，总有一天，你会发现你做的一切都是值得的。

你不去拼，怎能知道自己就不行

梦想是一个人生活的动力，立下雄心壮志，并为之奋斗终生，等暮年之时，回忆一生长叹："不白活一场！"这是何等的气魄呀！去拼一把，你会走出生活的迷茫和彷徨；去拼一把，你会看到未来的希望；去拼一把，活出人生的精彩！

一对父子凝望着金字塔的照片，若有所思。

过了一会儿，父亲缓过神儿来，看了看天生跛脚的儿子，说："孩子，你为什么这么出神？"

"爸爸，我想知道金字塔在哪儿？"儿子说。

父亲心中忽然很忧伤，说："别问了，这是你永远不能到达的地方。"

时光匆匆，20 年过去了，一天，父亲在家侍弄花草，突然收到一封来信，他拆开信封后，里面跳出一张照片。

这张照片上的背景则是 20 年前同样雄伟的那座金字塔，儿子拄着拐杖站在金字塔的前面，满脸笑容。并且，这张照片的背后，还写着"人生没有绝对"的字样。

父亲的眼泪夺眶而出，拿着照片的手抖动着。原来跛脚的儿子为了能去看一眼金字塔，努力了 20 年，他用自己的行动证明了"我能亲眼见到金字塔"。

很多时候，我们的梦想被现实打败，只是因为别人说了"不可行"，但是你不去拼一把，怎能知道自己不行呢？小马过河的故事广为流传，看到小河后，不知所措的小马问了很多人，得出两个答案——"水深不可以""水浅放心过"，所以小马很茫然。到底过与不过，水浅或者水深，只有试过才知道。梦想也是如此，到底能不能实现，拼过才知道。

在这个世界上，最广阔的是海洋，最高远的是天空，最炫丽的是彩虹，但比海洋广阔，比天空高远，比彩虹还要炫丽的，就是梦想。一个有梦的人生才更有意义，一个为了梦想而奋斗的人活得才更充实，更有价值。

有一只有梦的小鸟，它最大的梦想就是飞向远方，于是

它将眼前的那朵白云定为目标，便开始与白云赛跑。

小鸟虽然铆足了劲头往前飞奔，但那朵白云却十分调皮，像是在跟小鸟开玩笑一样，忽而向东，忽而向西，没有确定的方向。甚至在有的时候，还会突然停下来，蜷缩着打旋涡；有时又突然慢慢地展开，好像一个骄傲而懒惰的妇人，将自己裹在被子里，还伸着懒腰。

小鸟追呀追，赶呀赶，却没想到白云突然就没了踪影，任小鸟找了很久，也没有找到。

小鸟失望极了，它知道自己定错了目标，才导致自己的梦想破灭。但小鸟并没有沉浸在失败的痛苦中，它重新整理了自己的一双翅膀，将巍峨矗立的山峰作为方向标，准备飞向远方。

高山巍峨不动，小鸟展翅飞翔，很快它追上了高山，又将另一座高山作为了目标，继续前行。就这样，这只小鸟越飞越远。

梦想是需要努力追逐的，可能有些时候自己的梦会受到挫折，没有关系，改变方式后继续前行。你的努力拼搏是实现梦想的手段，拼搏之后才会知道行与不行。无论何时，都不要质疑自己的梦想，如果前路不通，只是说明你的路线有问题，所以坚定梦想去拼一把吧。

著名主持人杨澜是我非常欣赏的一位女性，她美丽、智慧、优雅、高贵、知性，可以说是优质女性的典范，你能想象她曾经是一个羞怯、不自信的普通女孩吗?

在成为央视节目主持人以前，杨澜是北京外语学院的一名普通大学生，还是一个有些缺乏自信的女生，甚至曾因为听力课听不懂而特别沮丧。当时的她不断给自己打气，一遍又一遍地和听力死磕，听力难关得以突破，也才有了后面我们看到的在台上用英语与诸位政界、商界顶尖人物谈笑风生的杨澜。

杨澜的专业是金融贸易，一个偶然的机会使她成为中央电视台的主持人，而且获得了全国人民的喜爱，红遍了大江南北。

在主持人正做得风生水起的时候，杨澜突然决定去美国读书。因为她认识到自己对外部的世界了解得实在太少，不过是一只井底之蛙，她希望自己对这个世界能有些自己的见解和观点。就这样，她辞去了令人艳羡的公职，背着两箱子行李来到了美国。

在那里，举目无情的她租住在不时会溜达出老鼠的便宜公寓里，每天熬夜学习到凌晨 2 点钟左右。不过这段艰辛的生活，让她在国际政治、外交、经济、传媒等各个领域都打下了更为坚实的基础。

1996 年回国后，杨澜加入凤凰卫视，一手策划、主导了两档访谈节目，但一开始发展得十分不顺。杨澜丝毫不以为然，说："每一次我要改变，肯定是因为与周围不和谐的情况已经到了极限，我既然想要改变，就能够承受那样的痛苦。"

　　为了更好地准备采访，无论工作多么忙碌，她都会抓紧时间读书。那段时间，她每年的总阅读量超过 8000 万字，采访的时间更是达到了数万小时。就这样，杨澜呈现给大家的是永远脱俗的气质，永远微笑着聆听，谈吐文雅大方。她访问过近千名国际政要、企业家、社会领袖，其中多位与她成为莫逆之交。

　　你没有拼就没有资格来评价自己行与不行，所以杨澜拼了一把，证明了自己可以，这就是梦想的力量。

　　试想一下，一个没有梦想、没有雄心大志的人，每天会过着怎样的日子呢？他们的日子是"混"出来的，没有看到太阳初升的惊喜，没有看到夕阳余晖的无奈，日子就那么一天一天、一月一月、一年一年地过去，有那么一天对镜自照，突然发现自己已经满头银发，这是多么悲哀的一生呀！

　　如果一个人没有了梦想，天空也会变成灰色；如果一个人没有了梦想，大地也会变得枯燥；如果一个人没有了梦想，成功与我们永远会隔着万水千山。总之，请精心地呵护梦想的种子吧，总有一天，它会结出累累硕果。

　　梦想是一个人生活的动力，立下雄心壮志，并为之奋斗终生，等暮年之时，回忆一生长叹："不白活一场！"这是何等的气魄呀！去拼一把，你会走出生活的迷茫和彷徨；去拼一把，你会看到未来的希望；去拼一把，活出人生的精彩！

□ □ □

梦想虽好，但也要接地气

"梦想很丰满，现实很骨感。"静下心来，为伟大的梦想而努力，即使很遥远，也可以设定一个接地气的目标，然后努力去实现，步步为营才会让人更踏实，稳步前行才会更加靠近梦想的彼岸。

他的名字叫山田本一，在 1984 年之前，没有知道他是谁，认识他的人，只知道他是一名普通的日本马拉松运动员。

但是，谁也没有想到，山田本一在 1984 年东京国际马拉松邀请赛、1986 年意大利国际马拉松邀请赛上，先后出人意料地夺得了世界冠军，轰动了全世界。

当时，记者对山田本一原进行了采访，记者问："您凭借什么取得了惊人成绩？"

山田本一本就不善言辞，他笑笑说："用智慧战胜对手。"

这句话引起很多人的评论，很多人认为他在故弄玄虚，毕竟马拉松比赛是一项非常考验体力和耐力的运动。

但是就在 10 年之后，人们从山田本一的自传中，了解了他取得胜利的诀窍。

在他最初决定参加这类比赛时，他考虑了很多，把目标

定在 40 多公里外的终点线上，结果跑到十几公里时就感到疲惫不堪、力不从心。

于是，他在以后的比赛中进行了调整。每次比赛之前，他会乘车把比赛的线路仔细地看一遍，然后把沿途比较醒目的标志画下来。比如，他会把黄色的房子、绿色的大树等作为标志，就这样一直画到赛程终点。

然后在比赛时，他再也不去想 40 公里外的目标，从起点开始，他只需要奋力向第一个目标冲去；到达第一个目标后，他再次奋力向第二个目标冲去……就这样，一个目标一个目标地完成整个比赛。

所以，他以傲人的成绩让世界震撼了。

山田本一所说的"用智慧战胜对手"就是这个意思，梦想远大固然没有错，但如果目标过于远大反而会让人处于疲惫状态，而且容易中途放弃。所以，为了梦想而努力的时候，我们不妨将那远大的目标切分成小的目标，小目标接地气，更容易达成，而且使人产生成就感，这份成就感就会成为下一个目标的动力。

每个少年小时候都有梦想，也很羡慕明星身上令人炫目的光环、粉丝山呼海啸的呐喊，以及随之而来的无边名利。但是，他们一是没有唱歌的天赋，二是忍受不了音乐学习的枯燥，又怎能成功呢？

如果你羡慕别人的光芒四射时，不是疯狂地去追逐，而是脚踏实地地开始努力，黄粱一梦终会醒，想要成名成腕，就要在先做好眼前的事。少年以学业为重，考上音乐学院，之后再去努力创作音乐，梦想不就近在眼前了吗？

每个人都希望抵达成功的最高峰，但这最高峰是需要你一步步地爬上去的。可是梦想再高远，也要考虑自身的能力和现实条件。换句话说，一个人的梦想未必需要伟大，而应以事实为基础，以能力和意志为桥梁，是能够看得见并且触之可及的东西。有一天你就会发现，梦想原来已经近在眼前了。

小美是一个大龄剩女，今年32岁，各方面条件不错，在某中学做英语老师，长得眉清目秀，个子娇小，也挺有气质。之所以被剩下，很大原因在于她是一个"颜值控"，她曾经说："我的择偶条件首选就是要颜值高，不会委屈自己找一个颜值不高的人谈恋爱的……只有高高帅帅的男生，我才愿意去接近，否则免谈"……小美的偶像是吴彦祖，但那样的美男子，岂是普通人能遇到的？

某日，小美参加了一场三对三的相亲派对，其中一个男嘉宾的颜值虽然比不上吴彦祖，但也是放在人群中很出众的"高富帅"。她找到了心动的感觉，而且男嘉宾对小美也比较满意。我们都以为，小美这次应该能把自己嫁出去了，谁知两人相处了两个月就分手了，而且还是小美主动提出的。

我们后来一问，小美翻了无数个白眼，说："那个男生太无聊了，我问他平时喜欢做什么，他说自己的业余爱好除了宅在家里玩游戏，就是睡觉。我还问他喜欢吃什么，结果

他说自己对吃的没有什么追求，觉得每顿饭一碗泡面就可以解决。认识两周，他每天上午和我说句早上好，晚上说个晚安，中间接过我下班一次，路上都是我找话题，他一味地附和，我就是觉得很无趣。"

于是，小美便开始找些有趣的人，但相处了一段时间后他发现，有趣的人没有责任心，于是她继续找有责任心的人，就这样一年又一年，小美变成了真正的"齐天大剩"。

如果你想买房买车，那就不要总想着一夜发财，不如想想怎么努力租个更好的公寓；如果你想着成名成家，那就不要总想着一夜爆红，不如想想怎么找个能养家糊口的工作；飞黄腾达是远大的梦想，当月的业绩是切实的目标，所以与其总是生活在梦想中，不如从现在开始努力工作，完成当月业绩，令领导刮目相看。

"梦想很丰满，现实很骨感。"静下心来，为伟大的梦想而努力，即使很遥远，也可以设定一个接地气的目标，然后努力去实现，步步为营才会让人更踏实，稳步前行才会更加靠近梦想的彼岸。

◻ ◻ ◻

像你这样的人，最缺的是"野心"

人说"得陇望蜀"是一种贪欲，但如果没有"得陇望蜀"的野心，又怎能成就刘秀的汉事大业呢？天上不会掉下馅饼，但如果你已经有了得到馅饼的野心，那不愁没有馅饼掉下来。生活对每个人来说都是一种考验，前面的路对每个人来说都是未知，前途未知，何不试一试！

波光粼粼的水面下是垂钓人的诱惑，每个钓鱼的人，看到浮漂动的一刹那，心中都会掀起波浪。一位老渔翁，安闲地坐在岸边，不时地望一眼浮漂。

看样子，他的运气还不错，只见水面一动，银光一闪，一条鱼上钩了。鱼不小，老渔翁摇摇头放回了水中。

不止一次了，每次钓到大鱼，渔翁都会摇摇头，然后把它们放回到水中，只有小鱼才放到鱼篓里。

在旁边观看垂钓的人迷惑不解，问道："你为什么要放掉大鱼，而留下小鱼呢？"

老渔翁叹了一口气说："唉！我只有一个小锅，怎么能煮得下大鱼呢？"

老渔翁的话真的是没错，锅小所以就不能要大鱼，但是为什么不钓到大鱼后切成几块来炖呢？或者换个大锅吃大鱼呢？故事讲到这里，你是否和故事里的钓鱼人一样，常常因为"野心"不足而放弃了很多事情呢？有时候，我们一事无成时，缺少的不是能力，而是那一份成就伟大的雄心壮志。

古语说："望乎其中，得乎其下；望乎其上，得乎其中。"这告诉我们一个最简单的道理：做一件事，如果你的期望值只在中等水平，那你只能达到下等收获；但是如果你把目标定位在上等水平，你就有可能取得中等水平或者以上水平。换句话说，你的预定目标越高，你的收获就会越大。

Polo 服饰的创始人——美国服装业巨子雷夫·罗伦，就是用"野心"成就梦想的典范。

罗伦从小就有一个梦想，他想像大街上的那些女孩子一样，能穿上显得自己英俊的衣服，因为当时男子的衣服太单调了。

于是，孩子们肆意玩耍时，小罗伦就已经把心思放到了服装上。他对家中每一件衣服的质地、细纹、设计等都细细揣摩，后来，他小小年纪竟然能辨认出皮夹克的好坏与真伪。

中学时，罗伦课余打工积攒的钱都用在了买衣服上。他从各式各样的衣服中加深对服装的了解。那个穿上漂亮衣服的梦想，已经变成进入服装界的大梦想。

毕业后，罗伦虽然没有受过专业培训，但他凭借自己高超的鉴赏能力，获得了一家领带制造公司的重用，他的才华得到展示和同行的赞誉。

之后，罗伦已经不满足于给人打工了，他的"野心"越来越大。在朋友的提议下，他们共同投资建立了 Polo Fashion 公司。罗伦的才华得到了淋漓尽致的展现，他设计的衣服很快在年轻人中掀起浪潮，Polo 这一品牌很快引领了男装革命的急先锋。

如果罗伦当初没有野心，之后也没有为了"野心"而奋斗，那么世界上就不会有 POLO，也不会有成就 POLO 的罗伦。林肯说过："喷泉的高度不会超过它的源头，一个人的事业也是这样，他的成就绝不会超过自己的信念。"

"心有多大，世界就有多大。"人活于世间，最怕的是没有"心"——一颗可以成就梦想的"野心"。没有任何成功注定属于你，但如果你连想都不敢想，那它就注定与你无缘。人生就是要设定一个大目标，并为之奋斗，才会变得更有意义。

当然，每一个人都有自己的生活方式，怎样选择本无可厚非，但是要想谋求成功和幸福，我们的人生就不能没有一个远大目标。人说"得陇望蜀"是一种贪欲，但如果没有"得陇望蜀"的野心，又怎能成就刘秀的汉事大业呢？天上不会掉下馅饼，但如果你已经有了得到馅饼的野心，那不愁没有馅饼掉下来。生活对每个人来说都是一种考验，前面的路对每个人来说都是未知，前途未知，何不试一试！

□ □ □

人生没有这么多的"如果"

开弓没有回头箭，人生是不可拒绝的嬗变，没有那么多的"如果"。坦然接受，把"如果"去掉，改成"下一次"，下一次我一定要如何如何⋯⋯不要再让"如果"的事故继续重演下去，这才是坚强的，也是聪慧的。

美国电影《蝴蝶效应》中的男主角埃文具有穿梭时空的能力，这就证明他如果对自己的过往不满意，就可以反悔，这反悔的机会，不是每个人都能有的，所以他决定用这项能力，回到过去更改历史，从而更改未来。

但是，埃文没有想到，他每次改变历史，就会给现实世界带来麻烦，越是一次次跨越时空的更改，就越招致现实世界的不可救药。

他返回历史挽救了心爱女友凯丽的生命，但却失手打死了凯丽的弟弟汤米，导致了自己的监狱之灾；他回到了爆炸的那天，将靠近信箱的母子扑倒，自己却变成失去双臂的残疾人，母亲因此染上烟瘾，得了肺癌；而凯丽则成了别人的女友……一次次修正，越修越糟糕。

蝴蝶效应是拓扑学中的一个名词，用一个简单的词来说就是"牵一发而动全身"。埃文不满现状而想要更改，他只想到更改了历史自然会改变今天，却没想到将历史修正而现实依旧不能自己控制。因为世界上根本没有如果，那只是一个假设，一个人们遐想出来安慰自己的假设。

几乎我们每个人都可能有这样的想法："如果当初……那我就……"如果我回到童年那无忧无虑的时光，一定要好好珍惜；如果能回到大学时代，我一定要打造一个完美的自己；如果当初抓住那个机会，那我的生活肯定比现在强一百倍；如果能选择一个新的起跑点，那我一定会开始一段新的人生……

但是人生哪有那么多的"如果"，不在能够珍惜的时候珍惜、奋斗的时候奋斗，就会丢了今天，误了明天。人不能总沉浸在对过去的遐想中，开弓没有回头箭，人生谁也不能预料，谁也不能反悔，人生的许多经历不是刻意寻找就可以找到的，而且过去的一切，想要追回也是枉然。

假如人不能把另一个自己从虚拟的"如果"中抽出来，哀伤遗憾，或留恋沉迷，除了劳心费神、分散精力外，还有可能遭遇更大的不幸。人生是一次不能抗拒的前行，根本没有如果，也没有假如，而只有继续。"花有重开日，人无再少年。"人生没有那么多"如果"，我们现在要做的就是立下雄心壮志，并为其努力。

妇人在大街上散心，突然发现自己的伞不见了，她懊悔不已，一路上都在为丢伞的事而自责。她不停地责怪自己："我怎么如此不小心，如果我多留点心，如果我当初不拿雨伞的话，或许雨伞就不会丢了……"

回到家，这位妇人打开自己的背包一看，由于太专注自己已经丢失的那把雨伞，在仓促与不安中，钱包被人偷走了，她更是懊悔自责地说："如果我那会不那么关注雨伞的话，我的钱包也不会丢，如果……"

佛家说，"境"由"心"而生，由"心"而灭，但我们绝大多数人的"境"灭而"心"不灭，境况大为不同时，心中却还在念念不忘，刻舟求剑、守株待兔不就是很好的例子吗？停留、懊悔在自己犯下的小错误中，就会犯下大错；停

留在追悔莫及中时，就会做下更多追悔莫及的事。

试想一下，如果我们的人生可以追悔，你会怎样呢？你只会荒唐地、不停地修正历史，却不知今天也会成为你要修正的历史，渐渐地，你就会陷入一个循环，因为你只生活在过去中。而且，如果能追悔，你便会没了雄心大志。生命不会重来，假如能够重来，我们的生活也不一定比现在更好。

人生没有那么多"如果"，生命也容不得那么多的假设，所以坦然正视今天的自己，将你期盼的"如果"从头脑中抹去，珍惜现在，立下雄心壮志，为着自己的明天而努力，告诉自己"我能行""我可以"，即使顶着风，也要咬紧牙关前行。

得寸进尺，永远争抢"第1名"

如果你不想一辈子平庸无奇，就加倍地努力，能够改变命运的人只有自己，请在深似海的职场中永远争抢"第1名"的位子。戴上王冠后，你就会知道"第1"有多么重要了。请相信，你的努力会让你更优秀，赶快为自己设计一个目标，并为之奋斗吧。

她的名字叫张爽，出生在一个偏远的小山村里。

张爽虽然出身平庸，家境一般，能力也一般，但她从小就有一颗争强好胜的心，凡事总是要独占鳌头才肯罢休。从小学到大学，念了十几年书，可这几百次考试中，她每次都会为了成绩而费尽心力。

高中开学初的军训，她也是刻苦训练，当同学们尚在睡梦中时，她每天早早就起来漱口洗脸，因为她要提前赶到操场练习军姿；训练结束后，大家累瘫回宿舍床上趴着时，她则一直在练习叠被子，反反复复……

军训结束的汇报展示中，军官问："谁可以做班级的领队？"

张爽第一个站出来，举起手大声说："我！"

教官向她肯定地点了下头，不仅让她做了领队，还推荐她做了"标兵"。

但同学们却在心中不满，有的同学甚至讽刺她说："一个小山村出来的，有什么本事，处处争强好胜。"

张爽听到后并没有与那同学发生争执，只是更加努力地训练，腿伸不直她就绑上板子，声音不嘹亮她就每天早起去喊声，跑不快她就每天晚上围着操场跑圈……总之，她严格地要求自己达到最高水平。

汇报展演时，她们班以年级第一的好成绩成为校级模范，她也被评为了校级"标兵"。

大学时期，很多人对自己的要求开始放松下来，要么在寝室玩手机，要么约朋友看电影，要么跑网吧玩游戏……只有张爽一个人，每天早出晚归地到图书馆上自习，特别是期

末考试时，她会更加努力。

室友劝她说："爽，你不用这样的，大学了，60分万岁，多一分浪费的。"

张爽回答说："我要考最高分。"

室友撇撇嘴说："你不想想，你们那个山区多少年才考出一个大学生，知足得了，还得寸进尺，考最高分，你是那个料子吗？"

张爽不在乎室友的奚落，还是继续努力着，结果她年年都是班级第一名，年年都能拿到奖学金，成了别人眼中的"学霸"。

毕业后，同学们四处奔波地找工作，而张爽却很轻松，因为一家外资企业查完学生档案后直接选上了张爽。

古语说："成者为王败者寇"，做一件事"不成功便成仁"，这是一种精神，一种永争第一的精神，对于每一个青年人都很重要。仔细回忆下自己的学生时代，是不是像张爽一样努力了呢？当有的同学说她是得寸进尺时，她轻轻一笑，用加倍的努力来证明实力。

"争抢"第一并不是为了追名逐利，而是为了体现自己的人生价值。我们看过很多场比赛，其中的第一名和第二名也许相差甚微，有时裁判还要靠慢动作回放来证实谁第一，这个第一很重要，因为它意味着我们的国家又拥有了一块金牌。在很多的新闻报道中，也会采访第一而不去问别人，这就是第一的力量。

如果你不想一辈子平庸无奇，就加倍地努力，能够改变命运的人只有自己，请在深似海的职场中永远争抢"第1名"的位子。戴上王冠后，你就会知道"第1名"有多么重要了。请相信，你的努力会让你更优秀，赶快为自己设计一个目标，并为之奋斗吧。

站在山峰之顶的人，才会欣赏到他人不曾见到的绝美风景，人生之路本不平坦，何不"得寸进尺"地为自己而拼搏呢？"第1名"是靠抢的，你不抢别人便会抱走，只留下你艳羡的份儿。

□ □ □

向着远方任性奔跑，即使满地荆棘扎脚

"莫等闲，白了少年头，空悲切。"未来，我们不可知，也不能总活在杞人忧天的顾虑中。该拼一把时，就要抓住机会拼一把；该前进时，就要向远方任性地奔跑。即使前路漫漫充满艰难险阻，也无法阻挡你勇往直前的心。

尼克是土生土长的美国人，他一直生活在美国中部，从小就有一个梦想，渴望着有一天能有机会亲眼看看波澜壮阔的大海，因为他从来没有见过大海。

令他没想到的是，入职后一个月，公司就派他到沿海出差，他很兴奋，因为终于得到一个来到海边的机会了。

但是，那天天气寒冷，海上笼罩着雾气，并没有他幻想中的那么美好，尼克陷入了痛苦之中。他失望极了，裹紧大衣蜷缩着身子，在海岸上散步。

正巧，一个老水手正上岸休息，尼克便与他聊了起来："我不喜欢这冷雾弥漫的海，幸亏我不是水手。"

"的确这海不太招人喜欢，但是还是有很多水手愿意做这一行的。"水手摇摇头，无奈地说。

尼克有些不解地问道："为什么？当水手不是很危险吗？"

水手叹了口气，说："水手这个工作当然有危险。但是，当一个人热爱他的工作时，他不会想到什么危险，我们家庭的每一个人都爱海。"水手说道，"实际上，我的父亲、祖父、兄长都是水手，不过，他们最终都死在了海里。"

尼克听到这儿，心里一震，急忙问道："既然如此，那你为什么做水手，如果我是你，就再也不与大海打交道了，当然也不会做水手的。"

水手笑笑说："那么，我能不能冒昧地问一句，你父亲死在哪儿？你的祖父又死在哪儿？"

"我父亲是在床上断的气，我祖父也是死在床上。"尼克虽然不明白水手为什么这么问，但还是回答了。

水手听后大笑："如果照你的想法，床真是一个令人害怕的地方。如果我是你，我就永远也不到床上去了。"

尼克听后，也跟着哈哈大笑起来。

水手是一个任性的人，即使海上危险重重，即使家中很多人葬身大海，他也从来没有放弃过自己的水手工作。其实，有些时候，我们是需要有他这种任性的，总是觉得前路充满危险，便畏缩不前，表面上是安安分分过日子，但成功却离你很远很远。

这个社会本就充满了未知，我们不能为了逃避风险而放弃机遇，前路本就充满荆棘，我们应该去做那披荆斩棘的第一人。比如做生意，如果你总是因为"怕"而保守经营，的确会避免因追求突破和创新而造成的危险，但却有可能因为停滞不前而被对手淘汰。

高苗是一个性格温柔、很有耐心的女孩，临近毕业时，父母已经在老家给她安排好了一份教师的工作，名曰抱上了一个"铁饭碗"。但高苗毕业后，却果断地放弃了父母为自己安排好的前程，南下去了广东，学习美容美发行业。周围没有一个人赞同，甚至还在背后指指点点，总觉得那不是一个正经行当，可高苗却说，那是她自己的决定，那是她想走的路，人要为自己的人生做主。

做学徒是一件很辛苦的事，也不赚钱。有一段时间，高苗过得很辛苦。当时，高苗认识的一些同龄女孩，学业有成的做了老师、医生等职业，一些和高苗情况差不多的姑娘，就直接进了工厂，工作虽算不得多么光鲜体面，可在众人眼里，都比高苗的选择要好。但高苗依然坚持自己的选择，对此她的解释是，"你的路只能自己走，只要你能在自己选择的路上走下去，就是好的"。

学成手艺之后,高苗从一家小美发店做起,后来兼顾做美容,生意好了,客户多了,就开始扩大店面。随着越来越多的人开始关注美容、养生,高苗也跟随市场变化,开起了美容养生馆。到现在,高苗可谓是事业家庭双丰收,多少人注视着她,这些眼神里有羡慕、有崇敬,也有嫉妒。就连那些曾经对高苗指指点点的人,再提起高苗来,也会赞叹她"有眼光""有远见"。

"你知道吗?那些抱着'铁饭碗'的人,朝九晚五地过了半辈子;那些进工厂当工人的,运气好的熬出了头,混入了中层,运气不好的,没能逃过下岗的劫数。现在,他们倒是开始向我'取经'了,问我成功的秘诀?"说这话时,高苗正优雅地坐在沙发上,用勺子慢慢搅拌着杯子里的咖啡,她继续说,"我所做的一切,都是自己想要的,这一切只是因为我想要给自己做主,走自己的路罢了。哪怕前方的路难走,我也要走下去。"

生活中怎么可能都是一帆风顺呢?我们总不能把自己装在保险箱里吧?出去吃个饭,怕食物中毒、病菌传染;出门坐车,怕别人车技不好撞到自己;出门开车,又怕自己撞到别人;去公园散个步,怕被公园的小狗咬到;去游泳,怕自己的腿抽筋动不了而被淹死……总有一天,你会发现,你活在了为自己设置的牢笼里。

"莫等闲,白了少年头,空悲切。"未来,我们不可知,也不能总活在杞人忧天的顾虑中。该拼一把时,就要抓住机会拼一把；该前进时，就要向前远方任性地奔跑。即使前路漫漫充满艰难险阻，也无法阻挡你勇往直前的心。

▫ ▫ ▫
要你立雄心，不是叫你头脑发昏

为人生设定高目标、高标准，严格要求自己，这本身没错。但若是追求的目标过大，锁定的高度过高，自己的能力和实力不足，这有什么用呢？即使再努力，你也只会摔得头破血流！好钢请用在刀刃上，不要因为一时头脑发热就将好钢用错！

蒋晓飞的服装厂生意越来越红火，在这几年的稳扎稳打中，他已经成为小县城中有名的服装生产商，每个月都会接到很多的订单。

看着工厂越做越大，蒋晓飞开始有新想法了，人的欲望是无限的，他想赚更多的钱。

这天，他在办公室浏览着一些小网站，突然被一条新闻吸引了，新闻的题目是："多家公司引入融资，成功圈钱数十亿"。下面写的就是某老板引入融资，开始上市，然后圈了数十亿的钱。

蒋晓飞热血沸腾了，他下定决心，一定要让自己的服装厂成为上市公司。

之后，他不惜成本引入高级经理人团队，四处接洽投资者，满心期待地往"互联网+"的队伍里钻。

谁知，一切并没有他想得那么好，当时"互联网+"中入驻的服装厂商已多如牛毛，市场份额都被他们牢牢地抓在手里了。像蒋晓飞这样的小厂，没有专利技术，也没有创新思路，一入驻就面临着被挤掉的危险。

这时的蒋晓飞慌了，他怕自己血本无归，再加上本身比较保守，虽有雄心但却没有冲劲儿，所以找不到一些风投伙伴，后期资金根本跟不上，这时朋友劝他说："你撤资吧，安心做自己的小生意，不是很好吗？"

但蒋晓飞并不承认自己的决定是错误的，还充满雄心壮志地说："怕什么，再等一下吧，我就不信没人投资，马云最初不也是受人质疑吗？"

一年后，蒋晓飞的资金链断了，本已业经营得有声有色的小厂也宣告破产了。

通过蒋晓飞的例子，我们不得不认清一个问题，有时候我们雄心壮志，却是被冲昏了头脑。谁都渴望成功，希望通过自身的努力改变命运，但是如果你再怎么努力也改变不了现状时，不妨换一种思考方式，或者"止损"，或者"转投"。

人在与别人论是非之前，最重要的是认清自己，每个人都有自身的极限，这是我们必须面对的问题，明明只有30

斤的力气却要扛起 100 斤的面，那是何等的困难？明知不可为而强为之，这是笨蛋的愚蠢与贪婪的行为。

"如果不行，如果你是弱者，如果你不成功，你还是应该快乐。因为那表示，你不能再进一步，干吗要抱更多的希望呢？"这是罗曼·罗兰在《约翰·克利斯朵夫》中所说的话。有些时候，我们就是非要给自己设定一个不可为的目标，让别人看起来这个目标很远大，但却没有思量过自身的能力。或者别人一鼓动，自己马上就去做，那不是头脑被冲昏了吗？

张梅虽然自身条件不好，没有姣好的身材，没有貌美如花的容颜，却喜欢结交各种各样的男生，而她对男生的要求只有一个："谁肯为我花钱，我就和谁在一起。"每到周末，总能看到她拎着一大包零食或者礼物回来。我路过她的寝室门口时，多次听到她跟别人炫耀："这是 xx 送我的。"还有一次，我听到她打电话跟一个男生说："如果下个月你还不给我买包，我就再也不理你了！"

毕业后，张梅的情感经历非常坎坷，多次失败不说，还被不少男的骗过，到现在为止，感情都很不顺利。

期待一份有物质保障的感情并没有错误，但是如果将物质保障放在最重要的位置，那必然会遭到打击。我们可以为未来的人生伴侣设定期望值，但不能以一些虚妄的、错误的价值观去衡量，那并不是你有多么大的志向，而是被金钱冲昏了头脑而已。

在实际生活中，有人适合做生意，有人适合搞科研，有些人适合做学问……但无论哪一行的成功者，都是在把握了自身的实力之后才为自己设定的目标。如果做生意的人要出书，搞科研的人要做生意，而做学问的人偏去搞科研……又怎能有所成就呢？

为人生设定高目标、高标准，严格要求自己，这本身没错。但若是追求的目标过大，锁定的高度过高，自己的能力和实力不足，这又有什么用呢？即使再努力，你也只会摔得头破血流！好钢请用在刀刃上，不要因为一时头脑发热，就将好钢用错。

↗

04
CHAPTER

为何你还不奔跑，
指望谁帮你拯救潦倒

———

　　不要空想未来，不管他是多么令人神往，不要怀恋过去，要把逝去的岁月埋葬。失败者最可悲的一句话就是：我当时真应该那么做，但我没有那么做。这不是一个空想家的时代，空想无法给你想要的一切。

说得头头是道，你去做了吗？

关于梦想，关于生活，关于事业，每个人都会有许多的想法，我们甚至会为内心的宏大计划窃喜不已，向身边人不停地说自己的规划，可是说得天花乱坠，头头是道，你做了吗？

8岁的小肯特从祖父那里收到了一份生日礼物，那是一张被翻得卷了边的世界地图。肯特很喜欢这份礼物，每天拿着它看来看去。这幅地图大大开拓了他的视野，一颗颗梦想的种子种在了他的小小心中。

肯特为自己制订了梦想计划：到尼罗河、亚马孙河和刚果河探险；驾驭大象、骆驼、鸵鸟和野马；读完莎士比亚、柏拉图和亚里士多德的著作；谱一部乐曲；拥有一项发明专利；给非洲的孩子筹集100万美元捐款；写一本书……

小孩子的愿望，坚持下来的并不多，但是肯特不一样，他从那一刻开始，就为着自己的梦想而努力着。

肯特家的经济状况并不好，他通过几个月的努力，只积攒了80美元，他决定拿着这80美元周游世界。你可能会觉得这是痴人说梦，别说 80 美元，就是 800 美元也难以周游世界。

肯特却十分坚定，他丝毫不在乎别人的想法，就拿着区区 80 美元开始了他的环球之旅。在巴黎，肯特为一家高档宾馆提供了一份关于美国人最近旅游习惯的资料，因此享受了一顿丰盛的晚餐。

在去维也纳的途中，他所搭乘的货车司机在半途得了急病，当时已经拥有国际驾驶执照的肯特将司机送到了医院，还把货物安全送到了目的地。货运公司非常感激他，专门派车将他送到维也纳，他因此坐了一路的免费车。

在瑞士，肯特帮一家新开张的公司解决了一个大麻烦，当时，由于这家公司用来拍摄庆祝照片的照相机出了故障，再去买新的已经来不及，肯特就免费为他们拍摄了照片。因此得到了一张去往意大利的飞机票。

肯特就拿着那张世界地图和自己记录梦想的小本子，一个个去实现。几年过去了，肯特的梦想一次一次地变成现实，最终他达成了 106 个愿望。

肯特最终成为一位著名的探险家。

肯特为了自己的梦想而努力着，如果没有做好准备，80 美元怎能去周游世界？肯特在出发前，他已经做好了充分的准备。很多人像肯特一样，充满了梦想，但这些梦想只作为了他们茶余饭后的谈资，嘴上说得头头是道，却没有拿出行动来实现。

关于梦想，关于生活，关于事业，每个人都会有许多的想法，甚至会为内心的宏大计划窃喜不已，向身边人不停地说自己的规划，但一旦涉及行动，很多人就会退缩或放弃，同样也是找了各种各样的借口。

人是需要有一个目标来督促自己前进的，但是人的"惰性"使自己将目标停留在嘴上，因为话只需要上嘴唇一碰下嘴唇，这比费脑力、体力的努力要省力得多，所以目标成了空谈，梦想打了水漂，最终只落得个嘴巴痛快。

每个人都会有一颗寻找上进的心，谁也不愿意落于人后，但是无论你有多高的天赋，多丰富的资源，多聪明的头脑，多完善的计划，只是躺在床上，玩着手机畅想，那一切只能如"纸上谈兵"，即使给了你机会，也只是会唱赞歌而已。

公司新来了一个实习生，叫小晴。她是一个热情开朗的姑娘，在公司群里很活跃，也不止一次说希望大家能多教教她一些写作计划与技巧。小晴说的次数多了，热心的主编也认真起来，跟她说有空来办公室找大家互相探讨。

但是，主编在办公室里等了小晴足足一个星期，她都没有来找过，渐渐地，主编也忘记了这回事。直到有一天，小晴在分享会上聊起自己这段时间的工作感受，她说得慷慨激昂，一副激情满满的样子："通过这段时间的工作，我认识到自己还有很多不足，很多需要提升的地方，接下来我会跟前辈们好好学习，希望您们不吝赐教。"

对于有上进心的年轻人，主编向来都是喜欢的。散会后，主编忍不住问小晴："上次我等了你一个星期，你怎么没有来？"

小晴回答："哎呀，最近我工作比较忙，一直顾不上。"

主编直接回她："那你可以下班后来找我。"

小晴说："下班后我还要逛街买东西，更没时间。"

主编又说："其实，平时你多注意学习和练习，这是提升自身最好的途径了。"

小晴说："写作又不是简单的事，有时我也没有思路。"

总之，主编每说一句话，小晴总有解释的理由。

说永远比做容易。关注一下身边的一些人，你会发现，那些整天夸夸其谈、口若悬河的人，往往是一些投机取巧的人，他们总盼着自己的好"口才"能做成大事件，殊不知，他们只是说得头头是道，却总不情愿付出努力去做。

"行胜于言""言必行，行必果"，这是古人告诫今人不要总是要嘴上功夫，要付诸行动的至理名言。即使"万事开头难"，也要安下心来开个头，虽然"前路漫漫充满荆棘"，但也要踩着荆棘走下去，因为那条路通往明天。

❑ ❑ ❑

不努力还什么都想要，难道不是任性吗

无论你是出身低微，还是背景显赫，成功之路是要靠自

己的努力而实现的。自己不努力，就不要要求别人帮你实现梦想，那简直就是痴心妄想。要想成功，你就从现在开始，一点一滴地努力，终将会达到你希望的目标。

李健，生于一个幸福的家庭，不富裕，但在父母的陪伴下，他也很快乐。但是，就在他 7 岁那年，一场突如其来的灾祸降临，父母骤然离世，只留下了李健独自在这个世上生活。

债主变卖了李健父母的所有的财产，包括房子，李健无家可归，每天衣衫褴褛地在大街上求人施舍。

有一天，李健跑到了一个建设摩天大楼的工地上乞讨，一个衣着华丽的建筑商在与工头讨论着什么，他突然有了一个当时看来很疯狂的想法——我要成为他那样的人。

所以，李健放下手中的碗筷，急急地跑过去，问建筑商："我该怎么做，长大后才会跟你一样有自己的事业，拥有数不清的财富？"

建筑商被这突如其来的一句话吓得一愣，随后上下打量着面前的这个小男孩——小脸被污泥盖着，已经看不清长相，手生了冻疮，脚下的鞋也破烂不堪，心生怜悯之情，便认真地说："孩子，你为什么想要像我一样？"

"因为我不想再这样乞讨，被人可怜。"李健坚定地说。

"那好，我给你讲个故事吧！"建筑商笑笑说，"有这样三个人，他们一起去开沟渠，一个挂着铲子说，他将来一定要做老板；第二个抱怨工作时间长，报酬低；第三个只是低头挖沟。许多年过去了，第一个仍在拄着铲子；第二个虚报工伤，找到了借口退休；第三个呢？他成了那家公司的老板，过得春风得意。"

"我要做第三个人那样的人，您也一定是第三个人。"李健认真地听完故事，果断地说。

"哈哈！"建筑商再次哈哈大笑，"是的，我就是第三个人。孩子，成功者往往会少说话，埋头苦干。"

"我低头干活就能成功吗？"李健问。

"是的，你看。"建筑商用手指向那批正在脚手架上工作的建筑工人，说："这些人都是我的工人。我无法记得他们每一个人的名字，甚至有些人我可能都不知道他们长得什么样。但是，你仔细瞧他们之中，那边那个晒得红红的、穿一件黑色衣服的人，我哪怕不知道他的名字，我也认识他。"

"为什么？""因为他工作时比别人更加卖力。他每天第一个上工，最后一个下班，吃苦耐劳，从今天开始，我决定派他当我的监工。我相信他会更卖命，说不定很快就会成为我的副手。"建筑商看着那个工人，意味深长地说，"当年，我也是这样爬上来的，非常卖力地工作，表现得比其他人更好。后来，老板注意到我，升我当工头，再后来，我存够了钱，终于自己当了老板。只要多干一点，总会成为突出的那一个，人们总是会发现你的，这样你就更加接

近成功了。"

李健点点头，他再也不四处求人施舍，找人问成功的门路了，开始低头自食其力捡破烂来卖。他像建筑商所说的一样，每天起得最早，回去得最晚，天天努力，自然捡得多，收入也渐渐多起来。但是，李健并没有将钱花在吃与玩上，他买了很多书来充实自己，而且还得到了一位好心人的资助，终于再次走进了学校。多年后，李健走出学校，靠着自己的力量，终于成了他梦想中的成功人士。

成功对于每个人来说都是最想达到的人生境界，但它却不是人人都可以追求到的。有些人有着像文中李健一样的梦想，却受不起他那样的辛苦，虽然他们什么都想要，却很吝惜自己的汗水，不想努力，那可不是什么任性的行为，简直就是有病了。

无论你是出身低微，还是背景显赫，成功之路是要靠着自己的努力而实现的，自己不去努力，就不要要求别人帮你实现梦想，那简直就是痴心妄想了。要想成功，你就要从现在开始，一点一滴地努力，终将会达到你希望的目的地的。

没有行动的梦想，只能是空想

人说："不以结婚为目的的恋爱都是耍流氓。"那么，不去行动的梦想，不也是没有结果吗？每一位成功者都曾经有一颗梦想的种子，如果不给这颗种子阳光、雨露，那它就不会发芽。如果你已经把梦想的种子种下，那就要变得更加勤奋，努力地向着梦想奔跑，没有行动的梦，最终只能破碎。

毕业十年的聚会上，大家都很兴奋。此刻，昔日的班长郑昆正在畅谈自己的未来计划："如今电商行业发展迅速，如果能联合县城里的大小超市，开展同城快递送货业务，一定能够大赚一笔。"

郑昆越说越激动，他开始手舞足蹈起来，红头涨脸地说："联合超市业务只是第一步，接下来就要推出各种便民快递业务，并把快递网铺到更远的乡下去。"

同学们都放下了酒杯，听着郑昆的规划，这的确是一个不错的项目，可以开创一个新的领域，更是一条生财之路，纷纷鼓励郑昆一定要坚持下去。

郑昆趁机说："那，哪位同学愿意与我一起来做这项发财的事业呢？几位也成，我们联合起来，同学齐心，其力也能断金……"不过，任凭郑昆怎样做工作，依旧没有同学愿意与他合作。

因为大家都知道，郑昆从学生时代就是一个学习好、点子多，但缺乏行动力的人，他曾有很多好计划但都没有实施，现在还是一种高不成低不就的状态。

这时一位同学站了出来，他与郑昆一个宿舍，很了解郑昆的做事方法，不过，他想郑昆也许经历了十年的社会闯荡，已经改掉了之前的毛病。于是，他对郑昆说："我与你合作吧，一会儿散了，你有时间出个计划，然后我们开始行动。"

郑昆见有人站出来，欣喜极了，又口若悬河地向大家"演讲"了一番。

俗话说："江山易改，本性难移。"在聚会结束后，郑昆就把这件事抛到脑后了，合作的同学催了他两次，他还是迟迟不动手。

于是，这位同学干脆自己利用手头的资金成立了一家小快递公司。因为便民又省钱，这位同学的生意红红火火，不到一年就开始盈利，小公司越来越壮大，成为当地的知名企业。

郑昆听说这件事后，在同学群中说："看吧，我就说这一行肯定赚钱，你们都不听我的，谁也不和我合作，我就没有做起来，要不然，现在我早成为成功人士了！"

同学开始没有回应他，可他还是喋喋不休，有同学忍不住问他："那你自己为什么不做？"

郑昆又开始罗列什么资金不足、害怕货运风险、创业难之类的理由，使得同学们纷纷摇头。

畅想谁都会，梦想谁都有，有时那突然闪过的灵感，可能就会成为通向成功的钥匙。但是，很多人并不去珍惜自己智慧的闪光点，不去珍惜自己的梦想，于是就成了文中郑昆一类的人，只是一味地空想空谈，不付之行动。人说："不以结婚为目的的恋爱都是要流氓。"那么，不去行动的梦想，不也是没有结果吗？

一个人要想取得成功，不是靠事先有多么英明的决策，多么精彩的表述，而是在于能否以行动将一个好的决策如实地执行下去。成功不是用脑子想想就可以实现的，必须行动起来，为着目标去努力，逆风奔跑的人是在自保，因为在逆风中不奔跑就会被吹回原地，做人宁可要在逆境中拼一把，也不能在安逸中死去。

放过风筝的人都有这样的体会，看别人放时，你可以在边上跳着脚说："放线呀，拉线呀，快抖一抖绳子……"但如果风筝线轴一旦交到自己的手上时，这些理论就会突然变得无用起来。无论是生活还是工作，对于每个人来说都会有些期许，我们称它为"梦想"，但是有梦不行动，梦总有一天会醒，它也永远变不成事实。

渴望成功的人是离成功很近的人，但离得再近，也要你迈开步子向它靠近，"成功"很高冷，又怎会向你扑过来呢？渴望成功，那就照着你的计划行动起来，1 个行动大于 100 个想法。

每一位成功者都曾经有一颗梦想的种子，如果不给这颗种子阳光、雨露，那它就不会发芽。如果你已经把梦想的种子种下，那就要变得更加勤奋，努力地向着梦想奔跑，没有行动的梦最终只能破碎。

□ □ □
每场战役都有"关键时刻"，犹豫是最大的错误

断、舍、离哪样不痛苦，但如果想要成功，就必须行事
果断，否则只能错失良机。所以，在该下定决心的时候就不
去犹豫不决，在该为了未来做出决断的时候就不要去思考一
时的得失。人生每一场战役的成功，都取决于那个"关键时
刻"，而把握这个时刻的人只有你自己。

海鹰号行驶于太平洋上，这里真是奇妙的观光胜地，水
手们被那一丛丛的珊瑚环礁吸引了。老伯爵一边老练地操纵
海鹰号，一边向大家提议这样的美好时光不能浪费，何不去
前面的无人岛上来一次烧烤大会？

水手们欢呼雀跃起来，但也许真的不该这样高声地叫
喊，或者是太过于高兴而有些忘乎所以，总之，谁也没有意
识到海鹰号的劫难来了。

平静的海面忽然发出一阵疯狂的喧嚣，剧烈地震荡起
来，一道巨浪腾空而起，从前面直奔毫无戒备的海鹰号。就
像是惊醒了一个睡在海底的恶魔，它从两千米深的海底一窜
而上，直逼海鹰号的面门而来。

伯爵连忙调整海鹰号的方向，往后行驶，虽然他也是惊
魂稍定，但是并没有忘记嘱咐水手们将大部分食物、设备等

物资扔出去，以减少船的重力。

海浪越逼越紧，一道二十英尺高的海浪把海鹰号高高抬起，然后重重地抛上了礁盘。伯爵的头脑中迅速闪出一个信息："船毁了。"

他预料的没错，就是这一击让海鹰号变得无法挽救，它的龙骨已经断成了两截，而龙骨如同人的脊梁骨属于致命伤，伯爵果断地下令水手们弃船潜水。

也许你不知道，海鹰号作为一条纵横万里的袭击舰，是水手们的宝贝，他们对它的喜爱胜过自己的孩子，虽然现在变得如此狼狈，但他们还是舍不得丢下它。

"一会儿海浪就会停了。"一个水手对伯爵说，"我们再等等吧。"

"等？再等下去，你就没命了！"老伯爵的脸色很阴沉，他严肃地用命令的口吻继续说，"准备跳海，立刻、马上！"说完，他第一个跳了下去。

船上的人水性极好，当然无人岛与礁石也很近，船上的所有人都成功地转移到了无人岛上。

虽然无人岛没有丰富的物产，环境也不好，但还有些野果足以让他们抗过饥饿，等待救援。

老伯爵在关键时刻做出了果断的选择，虽然船没了，但人活着，而且在那次灾难中没有一人受伤，这是所有海难记录中唯一没有伤亡的一次。老伯爵的果断救了每一个人，如果他当时有半点犹豫，那么水手们也许就会和船一

样葬身海底。

生活中，我们常常会遇到一些需要做出选择的"关键时刻"，在这个时候，"等一下"就是失败，犹豫就会犯下让你后悔不已的重大错误。

世间最可悲的是那些优柔寡断的人，之所以他们无法做出选择，是因为他们不知道事情的结果是怎样的，好坏吉凶都是难以预料的，所以犹豫了；特别是考虑到自己的得失时，也会犹豫，怕失去就会变得胆小，越怕失去反而失去的会更多。

拿破仑一生战役无数，他最反对就是犹豫不决的个性。在他对战争取胜原因进行分析时，曾说："每场战役都有'关键时刻'，把握住这一时刻意味着战争的胜利，稍有犹豫就会导致灾难性的结局。"人生也是同样，在你需要迅速得出结论的"关键时刻"，你就要果断地做出选择。

大自然中的很多动物往往比人类更懂得这个道理。壁虎遇到危险时，它会立刻甩掉自己的尾巴逃生；生活在日本冲绳县八重山列岛的一种蜗牛为躲避被蛇捕食，也会丢掉身体中相当于尾巴的部分，藏到壳中；螃蟹遇到危险时，也会丢掉钳子逃生……

你可能会想，动物如此果断是因为它们丢掉的部分可以再生，但是你想过没有，再生也是需要时间的，更会损耗它们的寿命。它们面临危险时，能毫不犹豫地采用"丢卒保车"的方法，这本身就是一种勇气。

人类的犹豫是因为想得太多，越是想得多就越无法做出决定。但是，每个人的成功都离不开机会的"催化"，但任何一个机会都是稍纵即逝的，成功正是取决于这个关键时刻。此时一旦犹豫不决，机遇就会失之交臂，再也不会重新出现，你就只能两手空空，一无所有，徒增伤悲。

断、舍、离哪样不痛苦，但如果想要成功，就必须行事果断，否则只能错失良机。所以，在该下定决心的时候就不去犹豫不决，在该为了未来做出决断的时候就不要去思考一时的得失。人生每一场战役的成功，都取决于那个"关键时刻"，而把握这个时刻的人只有你自己。

🔲 🔲 🔲

活在当下，抓住生命中的此时此刻

天地万物，自然轮回，我们生活在这样的一个空间内，每一个瞬间、每一个当下都将是不可逆转的永恒。"逝者不可追，来者犹可待。"过去的已经过去，未来的还未到来，只有好好地活出当下的精彩，才是最正确的选择。

时不匆匆，爱娜已经过了花甲之年，回忆这 60 多年的岁月，她的生活不算富有，但很幸福。但是，令她没想到的是，到现在一把年纪了，霉运竟然缠上了自己。

爱娜的丈夫因病去世了，她陷入了悲痛中，可又一个噩耗降到她的头上，她的儿子在出差途中坠机身亡了。爱娜不敢相信眼前的一切，她变得郁郁寡欢。

半年就那样过去了，爱娜的生活变得困窘，为了生存下去，她打算重新到外面找一份工作。不过，已经60多岁的年纪，有哪个人会聘用呢？谁会给一个老妇人提供工作的机会呢？即便有人愿意，她一个60多岁的老妇人能干些什么呢？

于是，自从想找工作的念头冒出后，她就不停地担心别人嫌她老，担心别人嫌她跟不上时代，又担心自己无法承受工作的高强度运转⋯⋯

越是连连担心，她就越怀念过去的日子，越怀念丈夫在世的岁月，陷入了对过去日子的回忆中，无法自拔。越是思念，她就越是悲痛，并进入了一个怪圈，没多久就病倒了。

主治医生告诉爱娜："您不能总是活在过去，你得清醒下。"

爱娜哭着说："我想念我的丈夫、孩子，想回到过去。"边说边哭，爱娜有些喘不下气来。

主治医生查看了爱娜的病情，然后又向她了解了生活情况，之后对爱娜说："你的病情真是太严重了，按理来说是要长期地住院治疗的。不过，你现在的生活⋯⋯我看这样吧，我给你个建议，你就在本院做些零工吧，每天打扫病人的房间，用来赚取你的医疗费用。"

爱娜知道，现在还能有什么办法呢？以目前自己经济窘迫的情况来说，如果想要活下去，根本没有别的选择。

于是，爱娜开始手握扫帚，每天不停地在医院里忙碌，有时还会和病人聊天，医生护士也都很喜欢她。慢慢地，也许是忙碌的生活让她不再回忆过去，开始积极地生活。

爱娜不再觉得寂寞，也不在回忆过去，她的身体自然也就好了起来。

三年后，她根据平日里与病人聊天的经验，开始捉摸病人的心理，后被院方聘为陪护。贫穷也开始向她挥手告别。

十年过去了，爱娜如今已经 71 岁，通过医院的推荐，她拿到了心理咨询师的证书，成为当地有名的心理咨询师。当初，那位主治医生给的启示，爱娜把它贴到了墙上：过去的已经过去，明天尚未到来。只要肯用行动充实生命中的每一个"今天"，勇敢向前，机会就在柳暗花明间。

生命不可逆转，从诞生的那一刻开始，我们就开始了一场不能抗拒的旅行，无论你是情愿或者不情愿，都无法改变已经过去的历史。所以，如果想要活得精彩，就要活在当下，珍惜现在所拥有的一切，不要让未来为今天而懊悔。

我们不能为了过去而活，也没必要为了未来而活，而是为了现在而努力，这才是生命的意义。只有珍惜这唯一的此时此刻，才会为自己赢得一个美好的未来。可惜，很多人并不懂得这个道理，他们留恋过去，憧憬未来，却总是忽略我们当前所拥有的珍贵的此时此刻。

当年陈子昂高喊："前不见古人，后不见来者，念天地之悠悠，独怆然而泣下。"他看尽了人间沧桑，尝尽了世间悲苦，才会不自觉地为今人而泣。《礼物》的作者斯宾塞·约翰逊在书中写了这样一个故事：

孩子问老人："世界上有最珍贵的礼物吗？"

老人笑着回答说："有！世界上最珍贵的礼物可以让人生获得更多的快乐和成功，可这个礼物只有依靠自己的力量才能找到。"

之后，这个孩子，一直在寻找那份礼物。他找遍了千山万水，拼尽了全力，但始终没有找到老人所说的礼物。

时光如过隙白驹，当年的孩子成了一个健硕的小伙子，他绝望极了，放弃了寻找。但是，就在他放弃的那一刻，他突然发现自己苦苦寻找的东西原来一直在自己身边，而这个最好的礼物的名字就是——"此刻"。

天地万物，自然轮回，我们生活在这样的一个空间内，每一个瞬间、每一个当下都将是不可逆转的永恒。"逝者不可追，来者犹可待。"过去的已经过去，未来的还未到来，只有好好地活出当下的精彩，才是最正确的选择。

□ □ □ □

如果你不勇敢，没人替你坚强

每个人的生命都是有独特意义而存在的，即使再苦再难也要勇敢地接受，坚强地承受。一个真正的强者，是将破碎的信念一点点重新粘起来，粘成一身新的铠甲，穿到自己身上，抵御一切不幸。

李敏，一毕业就与男朋友结了婚，第二年，漂亮可爱的女儿出生了，一家三口人过着幸福的小日子。但是，就是去年的一个夜晚，李敏的幸福日子被打破了。

当天晚上，老公起身想去卫生间，刚刚下床，突然就躺倒在地，几乎没有任何预兆。李敏大声地呼喊，老公还是咬紧牙关，无动于衷。

李敏迅速拨打了急救中心的电话，医生检查后，宣布了一个残酷的消息：突然性脑出血，需要开颅手术。

老公进了手术室，李敏站在手术室外心急如焚，那一夜简直有一个世纪那样长。

手术室的灯熄灭了，医生出来对李敏说："手术很顺利，但情况不太乐观，他仍在昏迷着，如果醒来，后期恢复也是一个漫长的过程。"

李敏点点头，眼睛一动不动地看着被推往重症监护室的丈夫，说："怎么办？怎么办？"

正如医生所说，真正的折磨开始了。每次看到护士给老公吸痰时，他的身体都在抽搐，李敏的心像被尖刀剜了一样疼，眼泪大颗大颗地往下掉，蹲在病房外痛哭起来。

李敏也不知道自己哭了多久，总之那时她哭到了没有泪水，又呆呆地在楼道中坐了很久。她想："女儿刚出生不久，需要照顾，老公现在这种情况也需要照顾，这时谁能帮我呢？没有人可以，我只能自己坚强起来。"

第二天，人们发现李敏整个人都很精神，每天去医院时，她都把自己打扮得漂漂亮亮，握着老公的手，小声地跟他聊天，说说家里的事情，说说女儿的情况，说说自己对他的爱。

虽然老公没有反应，但李敏相信老公都听到了，有一天他一定会醒过来。

两个月过去了，巨额的医药费把家里掏空了，李敏一贫如洗。医生对李敏说："现在患者情况并不好判断，如果想要继续治疗，后期还有大额的医疗费用，你们能承担吗？"

婆婆公公也想将儿子接回家去养，对李敏说："孩子，你是好心，但咱家真的不能承受了，还是接回来吧，听天由命。"

但是，李敏不同意，无论如何也要在医院坚持治疗。她为了多挣一些钱，每天趁老公睡觉后，就去医院的食堂打扫卫生。

时间又过去了一个月，一天早上，李敏刚从食堂回来，就觉得老公的手指动了一下，然后眼睛似乎也动了。李敏赶快叫来医生，经过检查，医生高兴地告诉李敏："你的丈夫已经醒了，他的意识很清醒。"

李敏点点头，哽咽着说："好好，谢谢老天，恢复的事，以后慢慢来。"

丈夫醒后，说话没有障碍，身体器官也正常工作，只是右侧的肢体不能动。于是，李敏又重新找了工作，担起赚钱养家的担子，下班后就陪着丈夫一起做康复训练。

在丈夫任性闹脾气的时候，李敏总是说："你可不能给我丢脸，多少人想看我崩溃的样子，可我偏要挺住，你也要挺住。"

一年后，丈夫终于可以站起来了，李敏看着活蹦乱跳的女儿和康复的丈夫，笑着说："我坚持过来了，只要你不放弃生活，它就不会放弃你。"

人的一生总会经历各种各样的磨难，但不能一遇到困难就向命运低头。这个时候，如果你不勇敢，没有人能替你坚强，只有自己坚强起来，用自己的双手才可以赢得美好的未来，领略生活的美好。

但是，总有一些人遇到生活考验时要么哭天抢地，要么左顾右盼寻找别人的帮助，甚至极端地想到以"自杀"的方式来逃避。试想一下，家家都有本难念的经，谁又有多少经历来帮你呢？有哭的工夫不如想一想怎么解决眼前的困境，想要以"死"来一了百了时，想一想那些爱你的人他们要有多伤心。

采薇似乎是一个无所不能的女人，因为无论是职场还是生活中，没有她办不到的事，说着一口流利的法语，获得过市级游泳比赛冠军，总是在不经意间就惊艳众人。当有人采访采薇获得如此成功的原因时，采薇说："不去做自己害怕的事情，那谁会替你来做呢？在现实生活中，往往是做我们害怕的事情而成就了更好的我们。"

采薇大学学的是法语，那时她是全宿舍法语水平最差的一个，尤其是口语，说得不洋不土，舍友们经常开她的玩笑。

采薇最害怕的就是口语课，害怕更多的同学嘲笑她，甚至还一度害怕到想退学。结果因为成绩差，采薇错过了几次好的实习机会。她痛定思痛之后，决定改变自己。

她先在网上交了几个法国朋友，坚持每天和这些朋友语音聊天，听不懂的话语就反复听，并诚恳地向大家求教。同时，她总会再听一遍自己的语音，听自己说得好不好。

"这样反复练习之后，渐渐地，我发现自己的口语还是挺好的，发音也变得标准起来，于是开始敢说了。"由于外语交流能力强，采薇如愿进入了一家外企，在那些海外客户面前毫无惧色，谈笑风生。"现在，我更敢说话了，要是我早一点觉悟，或许现在会更好。"

这件事情对采薇启发很大，让她意识到，不要遇见害怕的事情就认输，越害怕什么就越尝试什么，人只有自觉主动地去改变，才能变得更好。

两年前第一次看到大海时，采薇特别想学会游泳，但她自小一接近水就有恐惧的感觉，也担心一直学不会被朋友嘲笑，还担心穿着泳衣会尴尬，但她还是立即报了一个游泳班。为了学会游泳，她喝了很多池水，被水呛了无数次，最后终于战胜了恐惧，放松身体，开始享受水对身体的感觉，游得越来越好。和她一起开始学游泳的有一位女士，因为害怕下手，至今还未能游泳。

每个人的生命都是有独特意义而存在的，即使再苦再难也要勇敢地接受，坚强地承受。一个真正的强者，是将破碎的信念一点点重新粘起来，粘成一身新的铠甲，穿到自己身上，抵御一切不幸。

时光飞逝，斗转星移，莫作微尘随风而去，要像流星，即使在最后一刻，也要用生命划出一条璀璨的弧线。

▭ ▭ ▭

你一直落后，是因为别人没有像你一样停下来

竞争，不是你想或者不想的问题，是你现在必须要面临的。想要站上成功的巅峰，就必须比别人更加努力，适应竞争，在竞争中绷紧你人生的琴弦。"闲庭信步"的心态很好，但你的悠然与舒缓可能会让你总落人后，那时你还会有这种悠闲的心态吗？

刘建强毕业后进入了一家公司，由于公司遇到危机，面临破产，很多员工都走了，可是刘建强一直没有走，他与公司一起走过了最艰难的时刻。

一年后，公司的经营慢慢有了转机，几个月的时间就缓

过劲儿来，而且得到了迅速发展。几年后，公司规模迅速壮大，刘建强作为一起经过艰难的"元老"，得到了提拔升职，成了部门经理。短短五年，他的薪水由月薪计算变成了年薪计算，翻了几十倍。

他买车、买房，而且还找了一位漂亮的妻子，在同年毕业的同学之中成了佼佼者。不过，他变得不再像以前那么努力了，每天上班迟到，公司的项目也会推给下属来做，哪怕是会议的文案、发言稿也不写了，开部门会议时就随便讲两句。

令他没想到的是，好日子不到半年，公司高层发出劝退函，他一下子从天堂掉到了地狱。他找到公司高层，说："我与你们共患难，现在公司发展壮大，你们就要辞退我，这不是卸磨杀驴、过河拆桥吗？"

公司高层说："我们会再多给您一年的薪水，至于为什么被辞退，请考虑一下自身的原因吧。"

很快，那个常常帮刘建强做项目计划的职员替代了刘建强的位置，刘建强的桌子也被搬到了格子间的大办公室中。他逢人就说："人心莫测，世态炎凉，这个公司一点人情味都没有。"

刘建强见真的不能在公司待了，只得向同类型的公司发求职信，但在他选择岗位的时候发现：很多同类职位工资太低，而工资合适的，他的能力和经验又不足。

他再次陷入困苦与思考。有一天，他见一只小蚂蚁搬着糖跑，一只蚂蚁抓着大块的糖被粘住了，其他的小蚂蚁纷纷从它身边跑过去。他觉得很好玩，便看了一会儿，突然，他醒悟过来：原来这一切并不是公司无情，而是因自己功成名就就停止了学习与进步，很多职场新人一直在学习中，很快就超过了自己。

于是，刘建强删掉了骂公司的帖子，还向前公司发出道歉信。令他没想到的是，前公司高管竟然给他回信了，而且还为他安排了一个职位。虽然这个职位比以前要低很多，薪水也不多，但刘建强欣然接受了。

什么样的付出，就会得到什么样的回报；多高的能力，就会得到多高的报酬。刘建强之所以接受之后高管推荐的较低职位，也是因为他那时的能力与经验只能对应那个职位。人生就像是逆水行舟，不进则退，如果你总觉得自己落后，那是因为别人的付出比你多，总是跑在你的前面。

妍妍一毕业就进了一家很不错的公司，不用加班、不用熬夜，每个月就忙几天，其他时间还可以偷偷追剧，而且走路上下班也就十五分钟，真可谓"活少，轻松，离家近"。

可是，前些天公司突然说裁员，妍妍就是其中的一员。妍妍30岁了，要技术没技术，要能力没能力，怎么和二十几岁的年轻人去拼？想回家做全职太太，可拿什么养娃？

在这种危机之下，妍妍突然清醒过来。她回忆了自己的过去，原来眼下的危机其实是她自己一点一点累积起来的。

大三的时候，同学们陆陆续续地准备考研，妍妍却用大把的时间刷剧、打扮、交友、恋爱等，日子过得不亦乐乎，用她的话说，"那么拼做什么？年轻不享受，那不是枉少年？"很多人都劝说过妍妍，应该趁着年轻多学习，多努力，给自己多一些积累，但每次都被妍妍用同样的话给堵了回来。

那就准备应聘材料找工作吧。妍妍的成绩排名一般，实习经历也不亮眼，按理说应该多费些心思才好，但妍妍却在朋友圈晒出了火车票，她说要来一次说走就走的旅行。

同学都很诧异，问："马上毕业了，你不赶紧找工作，怎么还说走就走？""是是是，道理说得都对，但总不能把所有时间都拿来努力吧？生活也是需要娱乐的嘛！"说这话的时候，妍妍正躺在三亚的沙滩上，悠闲地喝着果汁。

后来，妍妍回到老家，找到了这份省时省力的工作。她依然奉行享乐主义，"人这一生，过一天算一天，最重要的就是开心，要是全部时间都奉献给工作，那还有什么乐趣！"而她也确实是这么做的，下班后从来都是追电视剧、刷朋友圈，节假日则是四处拼饭局、旅游等，从未想过提高自己。

"一开始，我还为自己懂得享受生活沾沾自喜，习惯了之前悠闲简单的生活，满足于自己已取得的安稳，也以为这样足以让自己和家人衣食无忧。可领导说，我工作几年了，还跟刚毕业的学生一样懵懵懂懂，工作没有突破，没有提高。现在看来，这一切都怨我永远不愿意主动进步……"妍妍无比感慨地说。

对于这个世界上的大多数人来说，先天得到的能力往往相差不大，为什么有了先后之分呢？那是因为，在后天的竞争中，那些不怕苦、不怕累，愿意付出更多的人得到了更多的锻炼，自然就跑在了前面。而当所有的人都在奔跑时，谁先停下，谁就会被甩到后面。

草原上的羚羊在太阳没有升起前就醒来，那是因为如果醒得慢了，狮子就会醒来，它们就可能被吃掉。但狮子也会尽量醒得早，因为如果羚羊醒了，它们追不上，就面临着被饿死的危险。在弱肉强食的世界里，不论是位处食物链顶端的"万兽之王"，还是以吃草为生的羚羊，都要努力向前。如果羚羊跑得快，狮子就可能饿死；如果狮子跑得快，羚羊就可能被吃掉。即便两者实力悬殊，即便狮子看起来似乎有很大的胜算，但也丝毫不敢怠慢。

动物界尚且如此，更何况人类呢？现在的生活节奏如此之快，如果你稍一怠慢或者停下来，必定就会落于人后了。同样的道理，如果你比别人付出多一点，脚步再快一点，那就一定会把别人甩在后头了，又怎么会落于人后呢？

竞争不是你想或者不想的问题，是你现在必须要面临的。要想站上成功的巅峰，就必须比别人更加努力，适应竞争，在竞争中绷紧你人生的琴弦。"闲庭信步"的心态很好，但你的悠然与舒缓可能会让你总落人后，那时你怎么还会有这种悠闲的心态！

靠山山会倒，靠人人会跑

"靠天靠地不如靠自己"，当你靠山山倒、靠人人跑时，你就会真正明白，自己的路其实在自己的脚下，总拿着拐杖的人走不远，只有扔掉拐杖，抬头挺胸地依靠自己的力量，路才走得踏实，成功才会离得更近。

在罗讷尔从大学毕业时，他的父亲已经在德国的电器行业很有名气，成为著名的电器大亨。

不过，罗讷尔从并没有像大多数富二代那样留在自己家的公司，他的父亲对他说："孩子，你不能和我一起工作，如果你在我的溺爱和庇护下，那就会形成依赖，什么事都会指望着我去帮你，就不会有什么出息。"

罗讷尔从虽然点了点头，但心里很委屈，也很失望。

父亲继续说："现在，你大学毕业了，你自己去找一份合适的工作吧，别指望什么人帮你。当然，这个月我还会给你生活费，但是只有这个月，之后的日子，你就要自己养活自己。"

罗讷尔从望着父亲坚定的眼神，也不敢再说什么了。

第二天，罗讷尔从拿着昨夜写好的简历，与普普通通的刚毕业的大学生一样开始出入各大招聘会，他的简历投了一份又一份，参加了一次又一次的面试……

时间过得很快，一个月很快过去，罗讷尔从的生活费也没了，如果自己挣不到钱就要面临饿肚子的困境。就在这时，他被一家名不见经传的电器小厂录取了。

罗讷尔从上班后，只是做一些零件打磨、组装的底层工作，虽然辛苦，但他还是咬着牙坚持着。工作看似简单，也会遇到这样那样的问题，罗讷尔从便虚心地向工人们请教，就连看门的老头也成了他业务闲聊的伙伴，让他从这些求教中受益匪浅。

几年过去了，罗讷尔从对电器行业的人事、商品流通、销售等情况已经驾轻就熟了。他也凭借出色的工作表现和踏踏实实的工作态度，被厂长多次提拔，从一个小工人提升到了副总经理的位置，而且公司规模越来越大，好得几乎超过了父亲的公司。

只是有一点，电器行业都知道有个出色的年轻人叫罗讷尔从，而不知道他是电器大亨的儿子。

父亲对罗讷尔从的做法看似很残酷，但却成就了罗讷尔从。如果当初父亲将他留在身边，他可能也只是一位"少爷"，游手好闲，听从奉承，从而迷失了自己。小鹰学飞的故事大家都知道，住在悬崖边的雄鹰在教小鹰学飞时，会狠心地把它扔下去，小鹰从高高的悬崖坠下去的那一刻，便学会了展翅，扑腾着稚嫩的翅膀使劲儿地向上飞，它便学会了飞翔。

　　当然，"在家靠父母，出门靠朋友"的道理没有错，但这个"靠"能有多久呢？如果一心想着"靠"别人，那么就会对别人产生依赖心理，这种依赖会勾起人的惰性，慢慢地变成寄居蟹、寄生虫。

　　人生在世，总会或多或少地依靠来自自身以外的各种帮助——父母的养育、师长的教诲、朋友的关爱、社会的鼓励……对于这些依靠，你可以感恩，但不能沉浸其中而不奋斗。否则，即使你的家庭环境所提供的"先赋地位"是处于天堂云乡，你也只能享受到飘飘然的感觉，而终有一天云散去，你又能去哪儿呢？

　　电视剧《我的前半生》热播，有些人似乎从电视剧中看到了自己的影子，马伊琍扮演的子君是一位典型的上海太太，她的丈夫陈俊生在一家不错的公司工作，收入颇丰，于是他们结婚后子君便放弃了工作，主动当上了全职太太。

　　但事事往往出人意料，陈俊生出轨了，与公司的一位相貌普通的女同事聊到了一起，只是因为他在这位女同事身上找到了子君没有"气质"。于是，陈俊生提出离婚，当时子君的一番话值得很多人反思："你说过要养我的，是你让我放弃工作的，你说过要养我的，为什么中途却不要我了呢？……"

　　子君把陈俊生当成了天，对于一位全职太太来讲，离婚与天塌了并没有什么太大区别。其实，很多女孩本来学历不低，能力也不低，但偏偏想过靠人养的日子，这是多么悲哀的选择呀！要知道，你把他当作依靠的时候，你的自身价值就已经渐渐降低了。

当一个人处于完全依靠自己、没有任何外部援助时，就会激发出他身上最重要的东西，于是他会尽最大的努力，以坚韧不拔的毅力去奋斗。有一天，那些"靠山吃山，靠水吃水"的人山穷水尽时，就会发现，只有自己才可以主宰命运的沉浮！

常听人说："背靠大树好乘凉"，但是人总不能只在树下待着吧？一旦大树倒下，又将要去向哪里呢？所以，"靠天靠地不如靠自己"，当你靠山山倒、靠人人跑时，你就会真正明白，自己的路其实在自己的脚下，总拿着拐杖的人走不远，只有扔掉拐杖，抬头挺胸地依靠自己的力量，路才走得踏实，成功才会离得更近。

↗

05
CHAPTER

只有流过血的手指，
才能弹出人间绝唱

——

　　很多人都想不劳而获，但最好只是想想，
千万不要把它当成梦想。真正的梦想，需要汗
水来浇灌。有耕耘才会有收获，有付出才有好
结果。"成事在人"，这是俗语，也是真理。一
件事、一项事业，你用什么样的态度来付出，
就会有相应的成就。

■ ■ ■

□ □ □
不努力，你连被选择的资格都没有

　　每个人对未来都充满了期许，渴望自己的生活光鲜亮丽，渴望自己成名成家，渴望自己拥有很多财富……但并不是每个人都能得偿所愿。于是，有些人就觉得自己怀才不遇，生不逢时，其实仔细想一下，你有没有足够的资本去选择别人呢？

　　邢东锋毕业于全国一流的重点大学，后在美国一所著名大学的计算机系留学深造。几年后，他博士毕业，拿回来一大摞证书。

　　凭他的条件，要想在国内找一份高薪工作肯定不是难事。但是，世事难料，这样优秀的条件却没有一家企业聘用，原因是他的条件太优秀了。

　　于是，邢东锋干脆收起所有的学位证明，翻出自己的高中毕业证书去求职。他在简历上写着："我只是想在工作岗位上锻炼自己，哪怕不给工资也愿意。"

　　很快，邢东锋收到了录取通知书。这是一家比较大的企业，他被聘为程序录入员。

程序录入员是计算机系列中最基础的工作，对邢东锋来说，简直就是小菜一碟。但是，邢东锋还是很认真地对待这份工作。在工作中，他不仅能将工作做得妥当，有时还会处理一些程序中的错误，并适时地向老板提出来并加以修正。

老板对邢东锋越来越赏识，特别是他发现邢东锋居然能看出程序中的错误，非一般的程序录入员可比，心中充满了疑问。

一天，老板再次接到邢东锋的程序修改稿时，禁不住好奇地问："你仅仅高中毕业，怎么会能看出如此复杂的程序中的错误呢？"

邢东锋笑笑，将自己的本科毕业证书交到了老板那里，老板才恍然大悟，并迅速将他换到了大学毕业生对口的工作岗位。

一个月过去了，老板觉得邢东锋总是与众不同，做什么事都比别人优秀，于是将他叫来问："你现在的工作很出色，你的知识比同类本科毕业生要多得多，而且无论是智商还是情商都很高，这是为什么？"

"对不起老板，我并没有完全将自己的毕业证书给您，这是另外一份毕业证明。"邢东锋将自己的博士证递了过去。

"哈哈！你真是个人才呀！为什么一开始不用博士来应聘呢？"老板哈哈大笑着问。

"对不起。我只是想通过我的努力让人们看到我的实力，而不靠着毕业证书来炫耀自己。"邢东锋说得很坦诚，老板点点头，对他表示佩服。

老板对邢东锋的能力水平已经有了全面的认识，又佩服于他能够踏踏实实地做好每一项工作，便毫不犹豫地重用了他，不仅将他提拔为部门主管，薪酬也翻了好几倍。

我们有时候急于去选择却没有仔细思考要选择什么，特别是有些时候，并不是任由我们去选择的。邢东锋最开始虽然拿着高学历，却没有任何选择的余地，只能在被选择中被淘汰。之后，他放低自己的身份，脚踏实地地一步步努力，用自己的努力来为自己争取选择的的权利。

小薇刚刚毕业不久，在业务上还是一个"小白"，一开始的业绩也是垫底的，是最不起眼的那一个。凡是公司的活动和会议，或大或小，似乎都和她没有半点关系，因为没有人会问她的想法和意见。但是好在小薇很有上进心，部门开会时她总是积极地发表意见，但是不管说什么事情，即便她的话很合理，也几乎没有人愿意听。但是同样的方法、同样的话语，从上司嘴里发出，大家连声附和不说，还会大赞。

一次工作上的安排，经理让小薇接手了一个超负荷的工作，并让她做出三天之内完成的承诺。小薇刚要驳回，就被经理当着所有同事的面，训斥得体无完肤，于是她找我哭诉："学姐，我厌恶极了别人的吆五喝六，也厌恶极了那些趾高气扬的嘴脸。为什么，同样的方法，我提出来，别人就不认可，换个人说，大家都乐于接受呢？为什么我的存在感这么弱？我实在是干不下去了。"

　　小薇的遭遇很值得同情，在初入职场的那几年，很多人都有这样的经历。要想在自己的领域享有一席之地，背后必须付出足够的努力，因为游戏规则永远是少数人控制的，你不够强大，连参加游戏的资格都没有。

　　每个人对未来都充满了期许，渴望自己的生活光鲜亮丽，渴望自己成名成家，渴望自己拥有很多财富……但并不是每个人都能得偿所愿。于是有些人就觉得自己怀才不遇，生不逢时，其实仔细想一下，你有没有足够的资本被别人选择呢？

　　有这样一个班，老师排座位时会很重视成绩，每次都是排好名次后从第一名开始排，让自己选择，所以名次靠前的同学就有很多机会选择，而名次靠后的话选择的机会也会越来越小，如果是最后一名，那只能坐在别人都不想坐的位置上了。

　　于是，这个班的学生都很努力地学习，原因很简单，就是为自己争取选择的权利。

　　其实，这个道理很简单，一个人要想占领选择的主动权，就要有足够的资本。当别人看到你的价值时，自然就会给你机会，可是这时候如果你没有能力胜任，那岂不是很遗憾的事？所以，如果你勤奋，那就加倍努力地做出一番好业绩；如果你聪明，那就把好的建议传达给你的上司；如果你有潜力，那就努力发挥自己的潜力，占领选择的主动权。

□ □ □

原始积累是青云直上的"梯云纵"

"万丈高楼平地起",一个人的原始积累是最终取得成功的基础。如果想要登上云天,原始积累就是直上青云的"梯云纵"。没有一个人是凭着空空如也的脑壳取得成功的,所以我们从出生开始要有 20 多年的时间都在学习,这就是一个原始积累的过程。

宫本武藏是日本历史上有名的剑客之一。

有一天,一个很有剑道资质的年轻人——又寿郎去找宫本武藏,想要拜他为师,宫本武藏看了又寿郎的资体质,很快就答应了。

一段时间后,又寿郎问宫本武藏:"师父,按照我现在的资质,要练多久才能成为像您一样技艺高超的剑客呢?"

"最少 10 年!"宫本武藏回答说。

"太长了吧?"又寿郎听后有些急躁,对宫本武藏说,"10年太长了,您还是快点教我,我肯定会加倍地苦练,那么我多久能成呢?"

宫本武藏回答说:"那就要大概 20 年。"

又寿郎十分惊讶,连问这是为什么。

宫本武藏回答说:"要想成为一流剑客,有一个非常重要的先决条件，那就是心神要安定，你要在日常训练中不断坚守、进取、升华，才能沉淀、积蓄，而后发。"

又寿郎恍然大悟，从那以后变得踏踏实实了，不再天天考虑如何成名得利，最终成了一流的剑客。

"万丈高楼平地起"，一个人的原始积累是最终取得成功的基础。如果想要登上云天，原始积累就是直上青云的"梯云纵"。没有一个人是凭着空空如也的脑壳取得成功的，所以我们从出生开始要有 20 多年的时间都在学习，这就是一个原始积累的过程。

为什么古井经历百年还有汩汩清泉冒出，那是因为地层深处的泉水，会不断地往古井中渗透，虽然看起来并不起眼，但积少成多，老井百年仍养人。竹子看似不经风雨，可风将树拔起也未曾听说拔起过任何一根竹子，那是因为竹子在最初的 5 年，人们虽然看不出它的变化，但它的根系却悄悄伸展着，甚至长达几公里之外。到了第六年雨季到来时，它便倚仗着巨大的根系，以每天几十厘米的速度生长，迅速达到几十米的高度。

湖南卫视著名节目主持人汪涵，每个人都很熟悉，他的亲和力很强的大叔形象受到很多年轻人的追捧，最重要的是，他的高情商、反应快、会说话，给人们留下了深刻印象。

汪涵主持的综艺节目很有特点，里面会请来各行各业、形形色色的人，令人佩服的人，无论是什么样的人，身份如何，他都应对自如，特别是他对科学、教育、建筑等方面的丰富知识也都应对自如，给人一种无所不知的印象。

难道这只是节目进行前台本的提示吗？当然不是，汪涵之所以能如此应对自如、反应迅速，是与他的早期知识积累无法分开的。

他刚加入湖南卫视时，只是一个小小的临时工，拿着全电视台最低的薪水，却干了全电视台各部门的工作。他当过场工、杂务、灯光、音控、摄影、现场导演……甚至连外景记者的摄像工作，他也抢来做。

回到家，他也从不闲着，在自己的名为"六悦斋"的书房中冥想苦读，如果要找他，他一定在书房中，有时候每天要翻阅几十本书，这为他之后的博学打下了坚实的基础。最终，他终于成为湖南电视台的"台柱子"，还被丹麦驻中国大使裴德盛大使授予"丹麦在华文化季暨丹中文化交流使者"的称号。

谁都想拥有傲娇气扬的时刻，谁都想被人时时赞赏，但想要迎来这一刻并不是靠着颜值或者小聪明就可以取得的。不要报怨命运对你不公，有时间就去进行一些原始积累吧，这样当命运的"闪光灯"照向你时，你才能放射出光芒。

"合抱之树，生于毫末；九层之台，起于垒土。"循序渐进，持之以恒，以一种向上的力量，只有坚持不懈地努力，才可能拥有更强大的力量，哪怕现在你默默无闻，丰厚的原始积累，总有一天会让你扬眉吐气。

□ □ □ □

铁打的肩膀，都是重担子压出来的

人的本性是趋利避害的，这就造成很多人一遇到困难第一想到的是逃避。其实，逃避的人都不懂得"越挫越勇"也是人的最大特点。担子轻了，力气省了，看似得了便宜，却吃了大亏，没了锻炼的机会，又如何能够提高承担重担的能力呢？

江晓大学毕业，很顺利地进入了某电视台做了初级广告销售代表。但是，这是一个人才济济的部门，那些学历高、能力强的人层出不穷，她在这里简直像只丑小鸭。

但是，江晓始终相信，丑小鸭终有一天会变成白天鹅，只是在没有优势的情况下，要付出比其他同事百倍的努力才行。

所以，她主动承担起了部门的各项工作，甚至连一些杂务也抢着去做：公司的客户电话簿旧了，她主动将电话记录誊写到新的电话簿上；老板要打印客户资料，她总是第一个跑到打印机前。

同事们用她也用得很坦然，因为江晓常说的一句话就是："没关系，我来吧。"所以，有些人偷懒时，就把自己的工作交给江晓。

于是,江晓承担了很重的工作,同事们在茶水间没事儿喝茶、聊天、抱怨时,江晓还在工作间默默地工作着。她用心搜集、深入了解产品,熟悉主要客户的资料。对此,经理很是赞赏。

一天,台里接到了销售政治类广告的任务,这样一份棘手且不讨巧的工作,要付出比平时更多的时间和精力,可能也不会取得太高的业绩,最重要的是还没有业绩提成,没有一个人愿意做。但这份工作又需要有丰富的经验,经理很为难,这时他想到了江晓。

倒不是经理欺负江晓将这个"烫手山芋"扔给她,而是江晓很适合这份工作,熟悉业务且又经验丰富,而且对名对利也不是太看重。正在经理想要做江晓的工作时,江晓主动来找经理申请了。

她在大学期间曾阅读过不少与政治相关的书籍,所以对这个任务她很有信心。在找经理的同时,她还上交了一份关于未来工作计划、课题的报告。江晓的做法让经理吃惊之余,心里对江晓已经刮目相看了。

之后,江晓在市场调查、客户开发方面遇到了很多困难,但她并没有抱怨和停止工作,而是四处奔波,废寝忘食,简直就是拼了命地在工作。

与她同时进电视台的同事笑着对她说:"见过傻的,没见过这么傻的,你瞧我,活儿干得少,责任承担得少,日子过得逍遥,工资可不比你少!你何必那么拼命?"

江晓笑笑说："现在不拼更待何时呀，我的身子是铁打的，这点小累小困，难不倒我。"

一年后，江晓出色地完成了任务，而且她已经掌握了本领域最全面的市场信息，拥有了相当数量的客户，也积累了丰富的知识与技能，受到了经理的器重，提拔她做了高级销售顾问。

那位同事又不屑地说："我天生就柔弱，不像她，肩膀是铁打的，哪像个女的，女汉子有什么值得赞赏的。"

"能力强是工作多逼出来的，铁肩膀是重担子压出来的。"的确，江晓的肩膀看起来真是铁打的，能承担起这么多的工作还压不垮，但是这铁打的肩膀不也是重担压出来的吗？

留心生活的人，一定会发现这样的一件事。在我们的学生时代，中指握笔的部位会变硬，磨出老茧，所以当时我们写再多的字也不会疼。而现在很少写字了，中指也变得柔软，偶尔写几个字都会变得很累，有时还会手指疼。

字写得多了，中指的承受力也增强了，所以如果我们想让自己变得强大，就要勇敢地承受压力，主动承担责任，迎难而上，积极想办法解决。"松弛的琴弦，永远弹不出美妙的乐曲"，每一块美丽的鹅卵石，都是经过海浪的无情冲刷而造就的。

当然，人的本性是趋利避害的，这就造成很多人一遇到困难第一想到的是逃避。其实，逃避的人都不懂得"越挫越

勇"也是人最大的特点。担子轻了，力气省了，看似得了便宜，却吃了大亏，没了锻炼的机会，自然也就丢掉了活出精彩的机遇。

□ □ □

你嘴里的好运，是人家腿上的勤奋

"铁经淬炼方成钢，凤凰浴火得重生。"人生不经历磨难，就不会升华到一个新的高度。不要只看到别人的幸运，你口中的好运，那都是别人跑断了腿换来的。所以，不要只抱着眼前的利益不撒手，经历过一次次的磨难，人生才会变得更完美。

罗倩出生于一个小县城的普通家庭，从小学习就很努力，但无奈因为地域限制，虽然考的分数很高，却只上了一所二流的大学。

大学毕业后，罗倩应聘到一家普通销售公司上班，她很踏实地做着普普通通的业务员，每天平平静静地上下班，但也暗暗地学习着那些老业务员的经验。

一年后，罗倩的实习期顺利通过，正巧公司打算在开发区拿下几个新公司的项目。因为这几个公司刚成立，老业务员的人脉圈中根本没有，况且所谓的开发区其实离市区有七八公里，非常偏僻，也不通公共汽车。于是，很多人以各种理由推脱着。

这时，罗倩站了出来，她主动要求做这些项目的负责人，老板当然很乐意。虽然对罗倩不是很看好，但没有人的情况下，老板还是给了罗倩这个机会。

冬天足不出户都会冻得发抖，而就在这天寒地冻、大雪纷飞的情况下，罗倩简单地收拾了一下东西，就出门了。

她每天太阳还没出来时就开车来到开发区，四处拜访客户、宣传业务，直到太阳落山，才伴着昏暗的路灯回家。

一天，两天，一周，两周，一个月的时间匆匆过去，功夫不负有心人，罗倩最终在艰苦的条件下开创出了一个新市场。凭借优秀的业绩，罗倩顺利地成为公司技术部门的小组长，有了一批直属的手下，月薪上万。

三年过去了，罗倩已经在开发区站稳了脚跟。不过，这时恰逢公司又决定开发另一个空白城市，而那里依然是一个经济落后、交通不便的荒凉之地。依罗倩现在的地位和业绩，她完全可以选择不去，但她又一次主动请缨。

通过一段艰难的工作，不到两年时间，罗倩在这个城市也站稳了脚跟，得到了领导的赏识与提拔，她成了公司的副总经理，掌管着 100 余名员工，可谓是春风得意，大有作为。

一天，罗倩出差提前回来，正巧秘书和前台在聊天，前台说："你们副总怎么这么幸运，年纪轻轻就爬到了这么高的位置。"

秘书说："可不是嘛，就跟开了挂似的，到哪都是一帆风顺。"

罗倩提着行李箱笑笑说："我不是好运，而是勤奋，你们只看到了我的风光，却不知道我与行李箱相伴下的苦楚。"

中国有句古话："台上一分钟，台下十年功。"人们总是只看到别人的风光，却不知道别人背后受了多少苦楚。古代的所有丝弦类乐器的训练都是用血"喂"出来的，可我们只会羡慕别人弹奏高山流水时的美态，不知道肉的手指拨弄丝弦有多么苦痛。

"他赶上了好时候，那么快就能提拔。"

"他真是太幸运了，什么好事都让他赶上了。"

"怎么我就那么倒霉，做了这么多事，老板就是看不见。"

……

这样的声音在我们的生活中并不少见，那是人们总是顶着表面现象来看，而背后的努力与辛苦却无人看见。不起眼的石头被雕成佛像受着人们的叩拜，当你感叹小石头如此之幸运可以成为佛像时，请想一下石头在成佛像前承受的刻刀一刀刀的钻心之痛。

艾老师是北京一个非常出色的创业者，也是行业内小有名气的人物。他身高不到170厘米，长相一般，是走在人群中很难被发现的那类人。但他总是光鲜亮丽地出现在各种演讲舞台上，他的课程幽默风趣，他的讲解深刻睿智，深受诸多人的喜爱和欢迎，走到哪里，都会获得掌声和鲜花。

每当外人称颂这些经历时，艾老师总会低调地说："可能是我运气比较好吧。"

小张毕业后，抱着沾沾"好运"的心态去艾老师的工作室应聘，顺利成为艾老师的助教，在真正一起工作了以后小张才发现，他并不是像"运气"太好的人。

他每天只睡五六个小时，每次备课都会反复修改，字斟句酌，还坚持每天看一小时的书籍，不断丰富自身的知识和见识。而且，他的记忆力也不是很好。

当年，一家外企计划邀请艾老师做一场内部员工培训，但需要会谈之后才能定夺。"如果跟这家外企能够达成合作，公司的业务范围将大大拓展。"艾老师兴奋地说。之后一个月，整个团队都十分紧张地准备着这次会谈，但艾老师看起来还是一副镇定自若的样子，整天埋头在办公室里工作。

这家外企前来会谈的是一位主管，英国人，不会讲普通话，也听不懂普通话，小张有些担心，因为艾老师很少用英语交流。但经过一下午的会谈，合作出乎意料的成功。在送走客人的路上，小张迫不及待地追问艾老师会谈成功的原因。看着他胸有成竹的样子，小张抢先说道："这次一定不是运气好的原因。"

"小姑娘，看来你进步了。"艾老师一边大笑着回答，一边递给小张一叠资料。

资料全部是英文的，第一本是关于客户公司一些产品在

国内的销售情况；第二本是这家企业主管的个人资料，里面记录着客人的日常生活、爱好、饮食习惯等内容；第三本是一份详细的路线图和会面行程图，内容包括我们接客人的位置、安排的酒店、从机场到酒店的距离及所需时间等。得知客户喜欢跑步和湘菜，文中还推荐了酒店附近好吃的湘菜饭店以及极佳的跑步地点。

看到这份详细且充满诚意的资料，小张心想，换作小张是这位主管，也一定会跟艾老师合作。小张跟艾老师说出了自己的想法，艾老师笑而不语。

如果想要成为你口中所谓拥有"好运气"的人，那你要主动去承受一次次的挫折，从挫折中找到前进的经验。唐僧很幸运地取来了真经，但真经是由九九八十一难换来的，那并不是幸运所得，而是历经艰辛与痛苦的勤奋克服了随时可能丧命的危险。

"铁经淬炼方成钢，凤凰浴火得重生。"人生不经历磨难，就不会升华到一个新的高度。不要只看到别人的幸运，你口中的好运都是别人跑断了腿换来的。所以，不要只抱着眼前的利益不撒手，经历过一次次的磨难，人生才会变得更完美。

▢ ▢ ▢

如果你先飞，没人知道你是笨鸟

如果你是只笨鸟，那就不要到处告诉别人你很笨，不如从现在开始努力。当你成功之后站到别人面前时，人们只会感叹：谁说人家是笨鸟，原来人家是展翅蓝天的雄鹰；谁说人家是笨鸟，原来人家是收起翅翅的凤凰！

这是一个小山村，孩子们一般中学毕业后就开始打工。那年，这个山村竟然出了第一名大学生，而且还是重点大学，整个小山村都沸腾了。

考上重点大学的人叫王立军，小村子中没有一个人能想到这个傻小子能考上大学。

王立军从小就是老师口中的"笨学生"，小学、初中、高中他的成绩一直处于中等偏下水平。特别是初中时，他从村子里到小县城读书，整个人都是蒙的。老师讲一遍的例题，很多人都一目了然，他却还处于云里雾里的状态。

"哈哈，你还是回你们村里去捡柿子吧，上什么学，给家里浪费钱！"

"你是不是脑子有问题？"

"立军，你不要问老师，这样影响我们听课的。"

……

同学们一声声的冷嘲热讽，让王立军的心理压力变得很大。一次，父亲来看他时，他一头扎进父亲的怀里，哭着说："他们都说我笨，我真的很笨吗？"

父亲拍拍儿子的头说："孩子，有句话叫笨鸟先飞，如果你起飞早了，谁还说你是笨鸟呢？"

　　听了父亲的话，王立军给自己定了规矩，天天认真学，课课用心听，别人读一遍的课本，他就读两遍、三遍，甚至十遍。他还把别人玩耍的时间都花在了学习上。

　　高中也是这样。在初中毕业的那个暑假，他把高一的课自学了一遍，年年如此，从不间断地预习、复习。就这样，王立军通过不懈的努力，考上了一所重点大学。老师夸他聪明认真，同学们也说他是"开挂"的人，但王立军知道，自己是笨鸟，一定要先飞，才会让别人看不出自己笨。

　　大学毕业后，他做了销售，这对性格内向、不善言谈的他来说是一种挑战，但他还是接受了这个挑战。

　　他买来十几本销售类图书，认真学习那些成功人士的方法。他做事从不偷懒，虚心请教业绩好的同事，刻苦钻研沟通的方法、拜访的技巧，努力把工作内容吃透学精。一年后，他的业绩提升到了全组第一位，同事们都说："王立军是个聪明人，怎么会不成功呢？"

　　王立军笑笑，聪明或者笨对他来说，已经没有那么重要了。

　　人的聪明与否，一部分由基因决定，我们无法改变，但还有一部分来自自己后来的努力，这是我们可以主宰的。聪明与笨是别人的评价，聪明的人会很讨喜，受人欢迎，所以我们要做的就是如何将笨的自己变得聪明，这就要用到一个词："勤能补拙"。

　　勤奋是成就事业、生活的决定性因素，一个懒惰的人即使再聪明，也不会抓住机会走向成功。俗话说："笨鸟先飞"，既然是一只笨鸟，那就勤奋一点，早早飞起，这样才能与别人同时到达目的地，而且如果你先飞，也没有人会认为你是一只笨鸟！

任何领域最厉害的人，都不是最聪明的人，不是条件最好的人，而是最先行动的人，最先努力的人。既然没别人优秀，那就比别人努力。其实，人最失败的是，没有别人聪明，却没有别人努力，最终失败后还抱怨说："都怪我太笨了，要是我跟他一样聪明，我也会成功的。"

要非说笨的话，的确是笨了点，没有自知之明，一个连摔倒都不知道爬起的人，别人又怎能救得了他呢？其实，任何能力都可以通过练习得到提升，练习的时间多了就会有进步，世界万物都是如此。

所以，如果你是只笨鸟，那就不要到处告诉别人你很笨，不如从现在开始努力。当你成功之后站到别人面前时，人们只会感叹：谁说人家是笨鸟，原来人家是展翅蓝天的雄鹰；谁说人家是笨鸟，原来人家是收起翎翅的凤凰！

折磨你的人，又何尝不是成全你的人

生活中我们最怕遇到爱折磨人的人，其实，我们应该感谢他们。英国作家萨克雷说："生活就是一面镜子，你笑，它也笑；你哭，它也哭。"以积极的心态面对繁重的工作、生活中折磨自己的人，也正是有了他们昨天的折磨，才成全了我们今天的辉煌。

江彬的家在贫穷的农村，虽然他学习成绩很好，但由于家庭条件不好没能进入大学，这令他很遗憾。

高中毕业后，母亲考虑了很多，最后决定让他学习木工，便给他找了一个木匠师傅。如果学会这门手艺，在当地是很受欢迎的，这样他们家的生活条件也会变得好一点。

江彬的师傅是一个很认真的人，第一天就告诉江彬："你听好了，所有的手艺我只说一遍也做一遍，你得认真看，还有以后所有的苦活、累活你都得干！"

"好的。"江彬点点头。

于是，他跟着师傅在各村子盖房子、搞装修。这段时间他吃了很多苦，受了很多委屈，师傅有时候一生气就训他，甚至也会打他。

每到这个时候，江彬就会想起在城里上大学的同学，他们都过着舒适幸福的生活，自己却只能靠着苦力维持生计，还要受责骂。江彬很多次都在梦中哭醒，渐渐地，他陷入了悲观和绝望之中。

又到放暑假的时候了，江彬最不愿意过暑假，因为同学们都会回来，他觉得更自卑了。这天，他正在和师傅一起干活，身上脏兮兮的，满脸都是泥垢和汗水。突然一抬头，面前的车上下来一个小伙子，穿着一身校服，提着旅行箱，江彬一时看出了神儿。

"嘿！江彬！"那个小伙子先开了口，"你是不是江彬？"

江彬这才将视线转到了小伙子的脸上，原来是自己的同班同学李景民。江彬不好意思地擦了一把汗，小声说："哦，景民，是我。"

"哈，没想到一年多没见，你小子混成这样了，怎么跟个窝囊废似的？"李景民说完，不屑地瞥了江彬一眼，笑着走了。

江彬的眼泪像断了线的珠子一样流了下来，他蹲在地下，放声大哭。

师傅拍了拍江彬的头，说："是不是觉得自己真的是个窝囊废了？"

"不是，我不是！"江彬擦了擦眼泪说。

"那你要怎么办呢？"师傅问。

江彬说："我要努力，不能再这样下去，师傅，我要好好学。"

师傅点点头。

从那以后，江彬每天认真地学着师傅的手艺，有时间还会看看书，复习高中知识。一年后，他通过成人高考考上了大学，也通过自己的手艺赚够了学费，师傅还帮他联系好了一个能够长期打工的手工作坊，这样便解决了他的生活费。

大学毕业后，他顺利地进入了一个外企，几年后升职加薪，做上了大区经理。当记者采访他是如何从一个农村小木匠做上大区经理时，他笑着说："第一，我要谢谢我的师傅，没有他的严格要求，我就不会有坚强的意志；第二，我要感谢我的那个同学，如果没有他当时那轻蔑的一笑，激发了我的斗志，我估计也没有勇气继续努力下去。"

王尔德说过："世上只有一件事比遭人折磨还要糟糕，那就是从来不曾被人折磨过。"我们生活在这个世界上，总会遇到这样那样的事情，如果一帆风顺，往往会让人的心变得轻松，对自己的要求也会降低；如果遭遇些磨难，反而更能锻炼人的意志，增强斗志。

生活就是经历过喜怒哀乐才会丰富多彩。有的人、有的事是你人生的助力，给你带来了喜乐；有的人、有的事虽然成为你人生的阻力，可能会给你带来哀伤、痛苦，但是请感谢生活中给你磨难的人，他们往往会成为你自省的助推器，成全你的精彩人生。

罗曼·罗丹曾说："只有把抱怨别人和环境的心情，化为上进的力量，才是成功的保证。"

李慧毕业后，在一家私立学校做老师，工资很高。不过，李慧的父母是比较传统老实人，他们认为工作一定要稳定，很希望李慧能参加公务员考试。但李慧觉得这所学校的工资还可以，而且也没有那么累，考公务员要复习大量的题目，她一点勇气都没有。

在这所学校中，老师与学生一起在学校餐厅用餐，正在大家快吃完饭时，餐厅的师傅闲来无事，就逗起了李慧班的一个智力稍有问题的学生。

餐厅的师傅抢过那个学生的饭盆，笑着看学生没有饭吃而"哇哇"大哭。之后，那个师傅又把学生的馒头放在高处，孩子没有饭盆，又吃不到馒头，吓得躲在了墙角。

李慧看不下去了，她从师傅手里抢过饭盆和馒头递到了学生手里，然后对那师傅说："您不可以这样对他，他本来已经很可怜了。"

"你这个小老师还挺认真呀！"餐厅师傅是当时校长的亲戚，所以很霸道，继续说，"你管了闲事，我就让你没饭吃。"

从那以后，每次李慧去餐厅吃饭，那师傅都会以"饭卖完了"为由不给李慧打饭。李慧一气之下再也不去那里吃饭了。

李慧想，这样下去肯定不行，于是买了大堆的资料，开始考取公务员。就在那年的公务员考试中，李慧顺利地考上了，如今她已经调入当地教育部门，那个私立学校也在她的管辖之内。

每当有人问起李慧当年为什么舍得放弃高工资而做一名公务员时，李慧说："我要感谢那位餐厅师傅，如果不是他，我根本就没有勇气参加考试。"

受他人的折磨并不可怕，可怕的是屈服于这个折磨之下。如果没有餐厅师傅的折磨，李慧便没有参加考试的信

心，那么她也不会知道在以后的岗位上有多大的作为。这正如"棍棒底下出孝子"，如果没有父母的严格要求，一个没有自制力的孩子，怎能成人成才？

生活中我们最怕遇到爱折磨人的人，其实，我们应该感谢他们。英国作家萨克雷说："生活就是一面镜子，你笑，它也笑；你哭，它也哭。"以积极的心态面对繁重的工作、生活中折磨自己的人，也正是有了他们昨天的折磨，才成全了我们今天的辉煌。

↗

06
CHAPTER

拼尽全力没成绩，
是因为你只会低水平努力

　　每个人努力模式的不同，最后努力的结果
也不同。你以为自己拼了命地向前奔跑，表现
出一种废寝忘食的忙碌状态，似乎把老天爷都
已经感动了。

　　然而，哪怕你再怎么全力以赴，却没有丝
毫长进，没有多少价值回报，其实也只是瞎忙
一场。

没有站对位置，多少努力都是白费

　　每个人的自身性格、个人能力、专业技能、思维能力等都会存在差异，所以在做出某个选择之前，先了解自己最为重要，那样才能找到适合自己的最佳位置，否则即使你拼尽全力也得不到别人的肯定，没有成绩的付出，有什么意义？

　　动物世界热闹极了，因为大家正在策划开办一所超级技能学校。

　　自然界总是给动物们开玩笑，各种挑战让它们的生存受到威胁。为了见招拆招，动物们便有了这样的策划。大家决定，让所有的动物都精通奔跑、爬树、游泳和飞行等生存技能。

　　鸭子、兔子、松鼠以及泥鳅都来了，它们成为超级技能学校的第一批学员，任务就是学会所有的科目。

　　鸭子最先学习游泳，其实游泳对它来说不用学，那是天生的技能，所以它的游泳水平甚至超过了老师。第二科目是飞行，虽然成绩并没有游泳那么好，但也还算不错。

　　不过，到了第三个科目——跑步时，可把鸭子愁坏了，那天生的大蹼脚和小短腿怎么能跑得快呢？老师说："你要练习。"于是，它放弃心爱的游泳项目训练，腾出时间练习跑步。可鸭子的大脚蹼实在受不了粗糙地面的摩擦，严重受伤。游泳项目也因为受伤而受到了影响。

再说兔子，同样遇到了鸭子的情况，它是全班跑得最快的，但它真的不会游泳，跳到水里没两下就会呛到，所以它总是练习游泳。也正因为在游泳科目上有太多的作业要做，它不得不整天泡在水里，在无数次的游泳补考之后，精神失常了。

小松鼠也是同样，它的爬树成绩全班第一，但就是飞不起来，那大尾巴总会挂在树上，要么就整个掉下来。但飞行老师却非要让它反复练习从地面飞到树上，高强度的练习害得松鼠腿部筋肉受伤，树也爬不了了。

而几个学员中，只有泥鳅很奇怪，它没有一项科目是第一的，但它由于马马虎虎的游泳成绩、一般的跑跳爬成绩，还有那勉强飞一点的飞行成绩，综合在一起之后，它的总成绩在班里成了最高的。

毕业典礼那天，泥鳅代表全校学员在大会上发表了演讲，也成为动物超级技能学校唯一的毕业生。

这是美国教育家里维斯博士所写的《动物学校》的一个小寓言故事。读完之后，我们不得不去反思，这些动物失败原因是什么？

仔细思考之后，原来它们之所以失败是因为没有站对位置，鸭子不会跑，兔子不会水，松鼠也不会飞，这是它们自己很明白的事，可偏偏要勉强自己，虽然努力了、奋斗了，但不会就是不会，大自然就是这么造就的，所有的努力只能付之东流。

工作中，我们也曾遇到过相同的问题：同样的工作，为什么别人做得顺风顺水，自己却步履艰难？那可能并不是因为自己不勤奋，而是不适合。所以，找一个最适合自己的位置，最能发挥自己长处的工作岗位，再去努力，方向对了，成功离自己也就近了。

通向成功的道路有许多条，在不同领域、不同行业，人们取得成功所需要的才能和智慧其实都是不一样的。而许多成功者的成功秘诀就在于：先站对了位置，然后充分发挥自己的优势。

什么是找对位置呢？俗话说："鞋合不合适，只有脚知道。"对的位置就是那个能表现你优势的位置。比如：你是一个技术员，就要从技术岗位起步；如果你是一个销售员，哪怕从营业员开始做起，你也会成功。

但是有些时候，人是很难承认自己不行的。有些人，哪怕硬撑着，牙咬出了血也要坚持，这样的做法真是太盲目了。承认某一条路不适合自己，虽然痛苦，需要有点勇气，比起仍想在不适合的路上跟跟跄跄地前行，痛苦会少得多。

每个人的自身性格、个人能力、专业技能、思维能力等都会存在差异，所以在做出某个选择之前，先了解自己最为重要，那样才能找到适合自己的最佳位置，否则即使你拼尽全力也得不到别人的肯定，没有成绩的付出，有什么意义？

▭ ▭ ▭

你的努力，领导看到了吗？

你的努力与懈怠，领导都是可以看得到的。一个人只要对工作负责，那自然会对公司的利益产生影响，这样不仅能够实现自身发展，还可以让领导赏识，得到加薪和晋升的机会，为自己的未来奠定坚实的基础。

王强和李俊英是大学同学，学的是计算机专业，大学毕业后，两人同时就职于一家广播电台，在技术专员的位置上实习，实习期为一年。

王强上班后，很积极地做事情，每天以热情洋溢的状态投入工作，而且他总是任劳任怨，虽然大家有时候偷懒把自己的工作推给他来做，他也很积极地完成，无论是做总结、上报材料还是跑腿打杂，他都完成得很出色。

每天下班后，王强总是最后一个离开办公室，他将手头的工作处理完后，还会多看一会儿关于机器性能的资料，如果太困了，就先在办公室眯一会儿。

李俊英看到王强的这种状态，奚落地说："你这是给人打工，不是自己做事业，何必这么认真呢？"

"唉，咱们刚毕业，需要学的东西多。"王强说。

"你呀，真是自己难为自己，你想一想，努力工作一天也是活，混一天也是活，最终工资也不会少。何苦将自己弄得辛苦兮兮的呢？"李俊英看着王强摇摇头，又坐在椅子上玩游戏去了。

广播台引进了一套从德国进口的先进的采编设备，高出现在用的采编设备好几个档次。

台长把他们两人叫到办公室，给了他们一套说明书，让他们研究下使用方法。但是竟然全部是德文，两人立刻蒙住了。李俊英说："这说明书我们看不懂，我们都没有学过德文，而且没有经验，实在怕把设备搞出毛病来。"

台长看了一眼王强，问："你呢？你可以吗？"

王强虽然心里也没底，不过他说："我以前不懂德语，那我就认真学吧，把说明书给我，我试着翻译下。"

于是，王强接下了任务，出门后，李俊英撇撇嘴，说："你呀，等着被开除吧，什么烫手的山芋都敢接。"

王强将说明书带回家，夜以继日地忙碌起来。他在网上查了很多资料，然后查字典一个词一个词地翻译，还有一些不懂的专业名词和不通的语法，就托人请教大学教师。

一周后，说明书终于以中文的形成呈现了出来。一个月后，他摸索着对新设备进行调试、使用，电子邮件向德国厂家的技术专家请教，最终熟练掌握了新采编设备的使用方法，而且还将使用方法教给了部门的同事们。

　　台长对王强的努力做出了肯定，实习期过后，王强不仅留在了广播台，还升职加薪做上了组长。而李俊英呢，因为多次工作懈怠，做得少，学得也少，根本赶不上同事们前进的脚步，没到实习期结束就被开除了。

　　我们生活、工作中有很多像李俊英一样的人，以为老板看不到，就做一天和尚撞一天钟，每天浑浑噩噩地混日子。但是在公司里混日子，是一个不明智的选择，以为老板没有发现，其实你的一切举动都在老板的注视下。工作态度决定了你的人生态度，对工作缺乏责任感，便是对人生缺乏责任感。

　　你的努力与懈怠，领导都是可以看得到的。一个人只要对工作负责，那自然会对公司的利益产生影响，这样不仅能够实现自身发展，还可以让领导赏识，得到加薪和晋升的机会，为自己的未来奠定坚实的基础。

　　所以，无论是生活还是工作，你的态度很重要。无论在什么样的境遇下，都不要想"混"日子，人的生命只有一次，请珍惜人生中的每个日子，无论人前还是人后，绝不要轻率地放弃任何一个机会。

　　所以，你的努力是为了你美好的明天，让老板、亲人、朋友等看到你的努力，他们会在心中为你加油，没有一个人的成功始于"应付"，没有一个人的成功源于"混"日子，所以不要让疼痛到了头顶时才想起懊悔，如果改变，就从今天做起。

未曾见过一个习惯早起的人抱怨命不好

时光不待人，机会也不待人，如果机会来了，你早知道一分钟就会多一倍成功的希望，但如果你晚了一分钟，可能就会与机遇擦肩而过。所以，"每天叫醒我们的不应该是闹铃，而是梦想"。请以梦想为动力，改变自己的生活习惯，珍惜每一个清晨。

"五点钟俱乐部"是美国一个很著名的俱乐部，最初它只是一个小组织，而现在却有着很多会员。参加这个俱乐部的主要活动就是：坚持每天早晨五点起床，然后做一些力所能及和有意义的事，如读书、运动、写作、沉思、计划。

"五点钟俱乐部"不仅吸引了普通人，就连美国赫赫有名的前参议员赫尔·塔尔梅奇也在这里。当时，人们与他约定采访时间时，他笑着说："早上五点就可以。"

赫尔·塔尔梅奇在法学院念书时就会在每天早上五点起床，他是全校第一个到达图书馆读书的人。当时，图书馆中的书很匮乏，但由于他的早到，便总能借到自己想阅读的书。

一个习惯于早起的人，总能比别人更早掌握今天的新闻，也能比别人更早认清现实。人说："早起的鸟儿有虫吃"，就是这个道理，"早起"只是一个表面现象，"勤奋"才是本质原因。因为勤奋，所以永远不会落于人后。

郭德纲曾经说过："要饭的没有要早饭的，一般都是从午饭开始，你想吧，但凡他能够早起的话，他也不至于要饭了呀！"一个习惯于早起的人会比别人更加勤奋，也会比别人更有意志力，特别是在冬天，能克服被窝的温暖，是一件很"不易"的事呀！

蒂姆·库克是苹果公司首席执行官，他每天早上四点半就投入预备工作，当收发完必须处理的邮件后，五点半就去健身房锻炼，六点半便正式开始一天的工作。他说："我每天都是全公司第一个到办公室的，我很骄傲。"

"您是从什么时候开始这样早工作的呢？"记者问。

"受我的顶头上司——乔布斯的影响，你们知道吗？他每天四点起床，九点半前就已经完成了一天的工作了。"

别人还在睡梦中，勤奋的人早已经投入工作。有些时候，不是我们有多么懒怠，也不是我们的智商有多么差劲儿，而是因为我们开始时就已经输掉了。俗话说，"一年之计在于春，一天之计在于晨"，在美好的一天开始的时候，才是我们最需要把握的。

早晨，人体精力最为旺盛，注意力也很集中，头脑更清晰、更灵活，所以回忆一下，在我们的学生时代，是不是每个早上都会安排合适的晨读。一天的开头，也是最容易安排一天计划的时刻，每天晚上抱着手机睡觉，醒来太阳已经"当空照"，一天已经过半时，再去做计划又有什么用呢？

试看那些成功的人，没有一个人是喜欢睡懒觉的。我国台湾地区被誉为"经营之神"的王永庆，每天凌晨三点准时起来做毛巾操、看公文、思考决策等；思科前首席技术和战略官帕德马锡·沃里奥每天四点半起床，然后花一小时时间阅读公司邮件，接着查看新闻、锻炼、做早餐，并照顾好儿子……

我们不曾见过任何一个起早的人抱怨命运的不好，那是因为每一个早起的人都会"好运"，这个"好运"是他们通过自己的勤奋换来的。如果生物钟无法清醒，那就拜托闹钟，但如果听到闹钟响了又关掉蒙头大睡的人，你又怎能指望自己有多大的成就呢？

时光不待人，机会也不待人，如果机会来了，你早知道一分钟就会多一倍成功的希望，但如果你晚了一分钟，可能就会与机遇擦肩而过。所以，"每天叫醒我们的不应该是闹铃，而是梦想"。请以梦想为动力，改变自己的生活习惯，珍惜每一个清晨。

▢ ▢ ▢ ▢

面面俱到，哪个点上都别想精彩

在这个多彩的世界中，我们总觉得很多事情都想试一试，只是这些"试一试"做得多了，面面俱到就不能达到一点的精彩了。请珍惜身边那些"不达目的誓不休"的人，他们可能因为目标集中而无暇顾及更多的东西，不过却一直都在努力奋斗着。

莫泊桑是法国著名作家，从小就很聪明。他心里有一个偶像，非常崇拜当时著名作家福楼拜，所以便跑到福楼拜那里去拜访。

莫泊桑见到福楼拜后，想炫耀一下自己的聪慧，于是自信满满地说："您知道吗？我的一天都在忙，起床后，上午前两个小时读书写作，后两个小时练习弹钢琴；到了下午，我就用一个小时向邻居学习汽车修理，然后再用三个小时来练习踢足球；到了晚上，我会去街边的一家烧烤店学习怎样制作烧鹅，等到星期天的时候，就会去乡下种菜。"

莫泊桑说着，脸上那得意的神情早已显露无遗，好像正等待着福楼拜的赞扬和夸奖。

福楼拜听完莫泊桑的骄傲汇报后，笑了笑说："我的安排是这样的，可能要比你简单得多，每天上午用四个小时来读书写作，下午用四个小时来读书写作，晚上还会用四个小时来读书写作。"

莫泊桑惊奇地问："就这样吗？怎么都是读书写作？"

"当然。"福楼拜笑笑说，"你觉得读书写作不好吗？"

莫泊桑摆摆手说："那当然好，你能告诉我你最擅长的是什么吗？"

"写作。"福楼拜说。

莫泊桑说："对呀，您的特长是写作，所以整天都在写作。"

"是的，小家伙。"福楼拜说，"一个人能够专注地做好一件事就已经是最好的了。"

莫泊桑觉得很有道理，他下决心拜福楼拜为导师，一心一意地学习读书写作，最终取得了丰硕成果，成了和老师齐名的著名作家。

人就是这样，做事一定要专注于一个目标，如果总是面面俱到，多方面发展，可能最后哪一方面也不能专长。有一句古话叫"一瓶不满半瓶晃"，就是这个道理，总是什么都感兴趣，什么都会，但什么也不精，拿出哪一项来也不能与别人比输赢，这不是很悲哀的事吗？

生活中有很多这样的人，他们每天都很忙碌，做点这个，做点那个，好像一整天都很充实。但是过了一段时间后，你会发现，他涉猎了很多，却哪一方面都没有做好。这就像是镜子，如果是一整块，我们可以很清晰地看到自己；但如果是由无数个小块拼成的，你会发现你根本没有办法看清自己。

很久之前，一个棋艺高超的人常常在大街上与人比赛下棋。

有人问："你会做饭吗？"

他摇摇头说："不会。"

"那么，你会写文章吗？"

"这个也不会。"

"弹琴，会不会？"

"这个也不会。"他再次摇摇头。

众人听他连说了好几个不会，都哈哈大笑起来。有好开玩笑的人说："那么，你就只会下棋呗？"众人再次哈哈大笑起来。

这时，一个读书人从这儿经过，听到大家的谈话，笑着说："你们不要说笑了，他一心都在下棋上，他的棋艺已经达到很高的境界，现在世间已经很少有人能是他的对手。"

有人做过这样的推论，如果一个人一生都专注于做一件事，那他一定会天下无敌。这就像大巴上安全锤的使用规则一样，一定要将力量集中在一点上，凝聚成的力量往往是不可思议的。

一个人的时间和精力都是有限的，所以不能将有限的时间和精力分散，集中一点才能获得更多的力量。我们的现实生活也是如此，有些人之所以会失败，主要原因其实是没有把目标集中在一个点上，他们太想要面面俱到了，所以根本没有精力将努力集中到关键点上。而真正的成功者倾注自己所有的时间和精力，只做一件事，而且只做好这一件事，最重要的是有了想法就锲而不舍地走到最后。

有一种麻雀大小的鸟儿却是捕蛇的高手。它看到蛇后，就挥舞着翅膀落在沙地上，在那里等待机会。突然，小蛇一扬头上的沙子，一下钻了出来。

最初，这只小鸟很惊慌，但它很快镇定了下来。它伸出

爪子，一下又一下地拍击着蛇的头部，那个力量很小，蛇看起来根本没有什么问题。

但是，这只小鸟一点也没放弃，凭着自己有限的力量，不停地拍着。

蛇急了，开始吐着信子生气。但是，鸟儿始终坚持不懈，一边躲闪着蛇信，一边用爪子继续拍击蛇的头部，其落点分毫不差。

终于，在鸟儿拍击了 1000 多次以后，蛇无力地软瘫在沙地上，再也动不起来了。

生物学家对鸟的这种现象做了分析：正是因为小鸟将自己的力量集中到了蛇的身上，并且坚持不懈，那是它经过长期的经验积累，终于掌握了一套对付蛇的办法。集中到一点，力量会更大，目标会更明确，也极容易达成目标，培养成就感。

在这个多彩的世界中，我们总觉得很多事情都想试一试，只是这些"试一试"做得多了，面面俱到就不能达到一点的精彩了。请珍惜身边那些"不达目的誓不休"的人，他们可能因为目标集中而无暇顾及更多的东西，而一直都在努力奋斗着。

◻ ◻ ◻

别人越嘲笑，越要还给他骄傲

真理就躲在轻蔑之下，成功就藏在嘲笑之中。那些嘲讽你、打击你、蔑视你的人，未必是真的看到了你的问题，他们只是借助某个手段打击你的积极性。如果你总是一味地想让别人认可你，过分地在意别人的评价，那么最终只会与属于自己的成功失之交臂，渐行渐远。

军队纪律严明，每个人都凭着自己的本事升职。鲁尼被提拔成了军官，正是由于他的能力出众，当然还有他的资格很老。

鲁尼升职后高兴极了，他最喜欢的就是走在队伍的后面，骄傲地视察士兵们的行军阵容。

队伍开始转移了。今天要进行蓝红双方对战，鲁尼正在后面得意扬扬地走着，突然听到对手方向的一个士兵议论着："你们看，鲁尼根本就不像一个军官，倒像一个放羊的。"

鲁尼听到后，看了看自己的位置，的确有些像羊倌赶着羊的样子。他赶紧走回了队伍中，满脸通红。

"哈哈哈，"那个士兵大笑起来，"你们看，鲁尼那个家伙躲到队伍中间去了，他是一个十足的胆小鬼，根本不配当一个军官。"

鲁尼听到这话，很是生气，但想想也是，自己听到他们说了后就赶快跑进队伍中，好像真的是很胆小。于是，他快走几步，走到队伍的最前头，昂首挺胸，那样子像是要告诉对方他是一个威武的将军。

这时，对手又说了："哟，骄傲的鸡妈妈领着小鸡仔出

去玩呀！"那个士兵放肆地大笑起来，继续说："你们说，他
当军官后还没打过胜仗，这是哪儿来的勇气跑队伍前面呀？
也不害臊！"

鲁尼的脸僵在那里，到底他在什么位置那个士兵才无话
可说呢？突然，他明白了：自己无论怎么做，对手总会有办
法嘲讽他。

其实，人活于世间，何必非要取悦于别人呢？听到别
人的议论后，就想办法改变自己，这是何等愚蠢的行为？试
想一下，如果他想从你的身上找"槽点"，你无论做些什么，
都会让他找到错误的。路是自己的，生活也是自己的，做好
自己最重要。

所以，何必非要取悦他们呢，管他们怎么说，自己走好
自己的路就行了！曾经有人做过一项调查，生活中超过95%
的人，曾多多少少受到过用"别人的标准来衡量自己"之害。
因为从人的本心来说，是很在意别人的评价的，你可以想一
下，如果穿着一件有污点的衣服出门，你总会觉得别人的眼
睛盯着你的污点看。可是，也许别人根本就没有注意到那个
小点呢。

人不能总活在别人的议论里，生活中的很多人是喜欢
嘲笑别人的，他们以此为乐，你又何必顺了他们的心意呢？
所以，忽视他们的嘲笑，他们越是嘲笑，你便越是骄傲地
活给他看。古往今来，成功者从来不会轻易地被"唾沫"
打倒，也不会因为遵循别人的指导而获得成功。相反，很

多有成就的人，都有过来自周遭的反对与嘲笑的经历，而他们把这些嘲笑、讽刺变成了动力，越受到打压，就越是有力气鼎力前行。

　　贺兰在一家广告公司做文案，她很喜欢这份工作，也很希望和同事们和睦相处，但是后来她发现，一聊天自己就头皮发麻，因为办公室里的几个女同事，每天谈论的话题无非是谁家的公公婆婆做了什么不好的事情、谁家的老公挣了多少钱、楼上财务部的某个同事上个月离婚等。她不明白，本是年纪轻轻该奋斗的年纪，却每天把精力放在这些鸡毛蒜皮的事情上，还是别人家的生活。贺兰不喜欢东家长西家短，更不爱背后谈论别人，所以大部分时间，她都坐在工位上认真工作。

　　由于工作认真踏实又有责任心，贺兰进入公司不到两年的时间就被领导提拔了，从一个普通文案晋升为文案组长。遇到这样的好事，贺兰上下班的路上都哼着小曲，但是很快这种好心情就被破坏了。因为有几个员工得知她晋升了，心里不平衡，对贺兰的态度尖刻起来，说话有时还带着"刺"："有些人爬得真快，看来长得好看，就是容易得宠""有些人看着默不作声，谁知道背地里送了多少好处"……

　　遇到这种事情，谁都会感到气愤。不过，贺兰知道过多的计较没有用处，自己还需要多方面的发展和进步。所以，她从来都是一笑了之，一如既往地努力工作。就这样，贺兰顶着心理压力，不断地提高自己、完善自己，工作成绩越来

越好，一次次地得到领导的表扬，最终被提拔为策划总监。此时，贺兰已将那些非议自己的同事远远地甩在身后，她每天谈论的都是价值百万的商业项目。

对此，贺兰感慨地说："你只有进入高格局的层次，才能更好地展现自己，认识真正有能力欣赏你的人。当你强大到一定地步时，大家自然会尊重你、听从你，你不需要通过猜测和揣摩别人的心思，也不需要迎合任何人。"

很多时候，我们之所以总是在意别人的评价，是因为我们自己可能真的感觉到了那个"嘲笑点"在自己身上确实存在，而这正是我们自卑的表现。其实，我们并不是真的有多么差劲，那些嘲笑我们的人也许只是因为嫉妒，特意找出我们的缺陷来打压我们。

别人越是嘲笑，我们便越要活得骄傲，为自己，也要让他们知道，在这个世界上，没有人有资格来评判你成功与否。你的人生不是由别人来决定的，而是取决于你自己，你成功的喜悦和失败的痛苦都是自己品尝，这些都与别人无关。

而且，很多时候，真理就躲在轻蔑之下，成功就藏在嘲笑之中。那些嘲讽你、打击你、蔑视你的人，未必是真的看到了你的问题，他们只是借助某个手段打击你的积极性。如果你总是一味地想让别人认可你，过分地在意别人的评价，那么最终只会与属于自己的成功失之交臂，渐行渐远。

☐ ☐ ☐

所有没效率的付出，都叫瞎忙

不要总是以表面的"勤奋"来让别人觉得你很努力，那只能让别人从中读出你的"愚蠢"。试想一下，一个整天努力业绩还赶不上的人，不是愚蠢是什么？人生不能总是瞎忙，没有效率的付出，只会落得白忙一场。

在一个很大的庄园里，住着一个农夫，他每天就是为庄园主看守着一个很大的仓库。

这天，正好是农夫太太的生日，农夫非常爱自己的太太，他为太太买了一只非常精致的怀表。那块表他的太太已经看上很久了，但一直舍不得买，于是农夫想给她一个惊喜。

农夫拿着怀表看来看去，然后把它放在了衣兜里就去仓库干活了，今天要在入夜前把麦子都收到仓库中。

傍晚时分，一天的工作结束了，农夫一摸口袋，怀表不见了。他急坏了，这怀表一定是在干活的时候掉到了仓库里，可是仓库那么大，怎么找呢？农夫着急地在仓库里转来转去，直到零点的钟声敲响了，他也没有找到。

第二天，他看到附近有些孩子在玩，于是对小孩子们说："孩子们过来，我有一块很漂亮的怀表掉在仓库里面，

如果你们谁找到了这块怀表，我就给大家买糖吃，而且你们想要到哪里去玩，我都带你们去。"

"哇！"孩子们欢呼起来，"这个办法太好了，我们这就去找。"

农夫以为孩子们很多，怀表很快就能找到，可是孩子们找了整整一个上午，也没有发现怀表的踪影。

"我们没有找到，仓库里的东西太多了，那些小麦、大米之类的太多，我们根本看不到。"孩子们说。

"那好吧，你们先吃糖吧。"农夫将糖发给孩子，孩子们高兴地跑走了，只留下农夫在那里叹着气。这一上午，农夫的怀表没有找到，反而将给太太买的糖发光了。

突然，一个小男孩站到农夫的面前，说："叔叔，谢谢你的糖，我想我应该能帮您找到怀表。"

农夫抬头看了一眼小男孩儿，是上午一群孩子中最小的那一个。农夫摇了摇头说："没关系，今天上午那么多人都没找到，你也找不到的，快回家吧！"

"我可以的。"小男孩坚定地说完，跑进了仓库。

不一会儿，小男孩手里拿着怀表兴奋地跑了出来，农夫激动地抱起他来，问："为什么？为什么刚才你们这么多人找，都没有找到，为什么你一个人就找到了呢？"

小男孩笑笑说："叔叔，刚刚很多人，大家太吵了，我根本听不到。现在只剩我一个人，我便可以听到怀表的嘀嗒声，所以很容易就从小麦堆底下找到了它。"

在我们的生活中，很多时候我们就像那个农夫一样，为了自己的目标忙碌着，虽然整天忙得脚不沾地，却离目标依旧很远；而有些人像那个小男孩一样，看起来轻轻松松，工作却总是第一个完成，还被升职加薪一帆风顺。这时，我们就应该注意到一个词——"效率"，一个人的办事效率很重要，所有没有效率的付出，都是瞎忙。

做一件事情，是有一定的规律的，我们必须找一条符合规律的途径，然后再去努力，这样才能将事情做好，达到事半功倍的效果。但是，很多时候，我们做了一些"费力不讨好"的事，事情做了一大堆，结果总也达不到预期目标，落于人后，这便是做事效率的问题。

"加班"本来是要受到领导表扬的事情，但是如果你总是"加班"，那就要考虑一下自身的问题了。刚入职的很多"小白"就会犯这样的错误，自己每天努力地工作，第一个上班，最后一个下班，结果最后领导考核时还落于人后，白忙活一场。

所以，无论是工作还是生活，都要留心观察，学习别人的长处，然后将它们转化为自己的利器，高效率地达到自己的目标。这就像走迷宫一样，一份全貌图、一个指南针拿在手里，很多人根本连看都不看，以为凭借自己无头苍蝇似的左冲右撞就可以找到出口。其实，与其试着走走浪费时间，不如仔细观察全貌图，标出一条最快最近的路线，然后凭借指南针沿着已经标出的路线走出去，这便是高效的选择。

全貌图、指南针就是我们生活工作中需要不断努力得到的"装备"，而标出的路线就是我们能够塌下心来做出的计划。一个有计划的出行，你会玩得很快乐；一份有计划的工作，你会做得很顺利。

不要总是以表面的"勤奋"来让别人觉得你很努力，那只能让别人从中读出你的"愚蠢"。试想一下，一个整天努力业绩还赶不上的人，不是愚蠢是什么？人生不能总是瞎忙，没有效率的付出，只会落得白忙一场。

□ □ □ □

最好的选择并不一定是最好

有些梦想，可以变成小目标来实现；有些工作，可以分成小目标去完成。漫无目的地奋斗，只能为自己白白地增加负担，脚踏实地地努力才会收到最好的效果。终有一天，你会发现，你做出的选择虽然不是最好的，但却是离梦想最近的。

法国一家报纸举办了一次智力竞赛，有一道题目很有意思：如果法国最大的博物馆罗浮宫失火，你只能抢救一幅画，请问你会抢救哪一幅？

于是，读者们纷纷来信：

"看到哪个抢哪个，毕竟都是名画。"

"抢最里面的，一般最贵的都在最里面。"

"应该抢最大的，画不是都按方来卖吗？"

"我觉得应该看看年代，抢那个历史最悠久的。"

……

在成千上万的答案中，法国著名作家贝尔纳获得了最终的胜利。他的答案是："抢救距离出口最近的那幅画。"

当人们采访他为什么会给出这样的答案时，他说："虽然罗浮宫的藏品珍贵无比，但是即便你知道哪幅画最值钱，最具艺术价值，你就一定能顺利地从火海中将它拯救出来吗？最值钱的，最有艺术价值的，如果我们够不着、抢救不了，那就毫无意义。只有抢救离出口最近的那幅画，哪怕它的价值并不像里面的画那么高，但却是我们最容易抢救出来的。"

是的，很多时候，我们会有一些错觉，认为那个得不到的才是最好的，于是便为了那个得不到的东西而努力着。但试想一下，既然得不到，为什么是最好的选择呢？其实，人生最好的选择并不是最好的那个，而是自己最能办到、近在眼前的那个。

大家都知道，果树上最甜的那个苹果在树尖上，它一定是又大又红又甜。不过，作为一个十分口渴的人，你一定要爬到那个最高点去摘那只苹果吗？当然不是，你的最佳选择是先摘一个触手可及的解解渴，如果有机会再想办法摘那只大苹果。

　　生活、工作也是如此，如果太过执着于那个"最好的"，可能到头来什么也得不到。在我们的身边，不是有很多这样的例子吗？在年轻人都谈恋爱的年纪，他们就给自己未来的另一半定了几条标准，任何一条达不到都不可以，因为他们要找那个最完美的人。几年后，同龄人纷纷结婚、生子，小日子过得红红火火，而他们还在忙着找那个最完美的人。

　　其实，哪有"完美"的人呀，更何况你并不完美，又怎能苛求别人完美呢？所以，我们嫁的那个人往往不是最完美的，但却一定是最适合自己的，这才是最好的选择。

↗

07
CHAPTER

再不把思维变一变，
你一辈子都在原地打转

　　脑子越用越活，思想懒惰了，就会反应迟
钝。越思考，你的视野就会越宽阔；你的嗅觉
就会越敏锐；越思考越开窍，越开窍越明白。

　　当你颠覆了现在的思维方法，用一种成功
人士的心态去思考、去追求你想要的一切时，
你就会觉得什么事情都没有难度了。

■ ■ ■

□ □ □

将经验奉为宝典，相当危险！

世界上没有两个相同的叶片，也没有一成不变的问题，所以想要靠经验过日子，只能让自己陷入恐惧与无奈，哪怕再努力也只是原地打转，不能前进。有经验是一种资本，真正会利用经验的人，是以固有经验为基础，进行思维变革，创新才会进步。

瘟疫席卷着大地，死神变得异常忙碌。

一天，他忙完工作路过一个小村子，就靠在路边的大树旁休息。这时，一个青年恰巧从死神身边走过，看到他靠在路边就跑来安慰他。

死神看着眼前这个善良老实的青年，说："我把你收为徒弟吧。"青年憨厚地点点头。

死神将非常厉害的点穴手法教给青年，不过，这个手法不是让人死去，而是用来救人的。死神告诉青年："这个手法可以救活垂死的病人，学会后你可以去行医。"

青年勤奋地练习。过了一段时间，死神说："你现在可以去行医了，但是我要警告你，你必须遵守一条戒律：当你治疗垂死的病人，我会站在病人的床边。如果你看见我站在病人的脚旁，你可以把他的病治好；如果你看见我站在头那一边，就表示那人的大限已到，你就不能再救他了。"

青年憨厚地点点头，对死神说："好的，但是我还是想救所有人。"

"你救了不该救的人，你就要以命来偿。"死神严肃地说。

青年一直遵守死神的戒律，也治好了很多人，成了当代的名医。

王宫中贴出告示：公主生病，如果有人能把公主治好，国王就会将公主许配给他，并且将王位也送给他。

青年听到消息，就跑到皇宫为公主治病。当他走进公主的房间时，见到了美丽的公主，他的心怦怦地跳着，一下就爱上了公主。但是，他突然发现，死神正站在公主的头旁边严肃地注视着他。

青年陷入了矛盾：他真的爱上了公主，所以想要救活她；但是死神现在的位置证明公主的大限已经到了，他又不能触犯戒律。

这是一个很难解决的问题，青年陷入了冥思苦想，怎样既能救公主又可以不触犯戒律呢？一段时间之后，他坚定地对国王说："王上，请让人帮忙将公主的床头与床尾对调一下，我可以治好公主。"

国王虽然心中充满疑惑，但还是迅速派人把公主的床换了方向。

很快，公主的病好了，死神无可奈何地笑了。因为他所站的位置已经从床头变成了床尾，青年没有触犯戒律，他心中暗暗佩服这个青年。

后来的故事大家已经猜到了，青年迎娶了公主，继承了王位，过着幸福快乐的生活。

青年得到了幸福的生活，让死神对他也无可奈何，原因是什么呢？是因为他打破了以往的陈规，死神的戒律就像一种以往的经验，而将床倒过来就是新的改革，世界上的万物都在不停地发展中。如果总是将以前的经验奉为人生宗旨，那是很危险的，它将成为你向前进步的最大阻碍。

人从出生到长大，会受到无数的"经验"影响，有的来自自己的总结，有的来自别人的告知。老人也常常把自己的生活经验告诉孩子，以"我吃的盐比你吃的米都多，我过的桥比你走的路都多"为借口，让很多人被迫地接受着别人的"经验"。

但是，这些"经验"真的都是人生的航向标吗？也不尽然。一位心理学家曾经说过："只会使用锤子的人，总是把一切问题都看成是钉子。"因为会用锤子，所以无论什么都想敲敲看，这就造成他遇到一切问题时，都会用"锤子"来解决，却不知问题是多种多样的，有的要"锤"一下，有的只需要"拧"一下，有的"切"一刀就解决了。

我们长年累月总结自己或者别人的经验，会让我们的生活产生一种既定的模式，遇到问题时总是用常规的思维方式来解决，便会陷入旧的思维模式的无形框框中。不打破旧经验，就没有办法创新，哪怕再努力，再勤奋，只会碰得头破血流，也不会收到什么成效。

世界上没有两个相同的叶片，也没有一成不变的问题，所以想要靠经验过日子，只能让自己陷入恐惧与无奈，哪怕再努力也只是原地打转，不能前进。有经验是一种资本，真正会利用经验的人，是以固有经验为基础，进行思维变革，创新才会进步。

找准方向，做一只"懒"蚂蚁

勤奋是成功者的必备素质，方向是成功者在茫茫大海时的灯塔，我们可以像回家的老黄牛一样拼命拉车，但至少要知道家在何方。忙碌的人，请在"百忙"之中偷个"懒"，抬头看看方向，莫让汗水白流。

墙头那一端，飘来一阵食物的清香。

两只蚂蚁很快得到信号，它们想翻过墙，寻找墙那头的食物。

第一只蚂蚁一到墙脚下，就毫不犹豫地向上爬去。它爬呀爬，刚爬到了一大半时，突然掉了下来，它真的是太累、太疲倦了，所以跌落下来。

177

不过，它可不气馁，又重新开始，结果又掉了下来。之后，它是一次次跌下来，又一次次迅速地调整一下自己，重新开始向上爬去，一刻都没停。

再看第二只蚂蚁，它简直"懒"极了，一直在墙脚周围到处闲逛，还不时地看一眼忙忙碌碌的第一只蚂蚁。

突然，这只蚂蚁有了收获，它观察了一段时间后，决定绕过墙去。很快，这只蚂蚁绕过墙来到食物前，开始悠闲地享受起食物来。

这时，第一只蚂蚁还在不停地跌落中重新开始它的奋斗。

我们的生活中并不缺少像第一只蚂蚁一样有着毫不气馁的勇气的人，它是值得我们借鉴的，但是我们是不是该思考一下那只"懒"蚂蚁的做法呢？

它不盲目、不冲动，不时地看第一只蚂蚁是想判断一下爬墙的办法是否可行，不停地"闲逛"是为了找寻其他办法。虽然"条条大路通罗马"，但是总有一条最近的路，找到这条路就找对了方向，那便是捷径。

有人说："总是找捷径的人就是因为'懒'，勤奋的人都是踏踏实实地工作着。"但是试想下，虽然有的人工作很勤奋，每天都忙个不停，但效率很低，那为什么不停下来整理下思路，找一找方向呢？用较少的时间完成工作，比加班不是好得多吗？这样的"懒"，是很值得的。

"懒"是停下脚步，找到方向，看似脚步停了，却是为了更好的出发做准备。其实，人生的成功之路有很多条，但也往往因为岔路口太多而使人们迷失了，在错误的路上再勤奋、投入再多，也不会得到回报的。

当年"康师傅"这个品牌走进了千家万户，你知道吗？"康师傅"的老板并不姓康，而是来自台湾顶新集团的魏应行，他就是一位找对方向的企业家。

1988年，他就带着自己的创业梦想来到大陆，当时只生产了"清香食用油""康莱蛋酥卷"等价格比较昂贵的产品，但因为当时人的消费水平尚在温饱阶段，所以这些高级产品滞销，他以失败告终。

1991年，魏应行带着行李血本无归地回台湾。可是，当他在火车上由于不习惯火车上的饮食冲泡了两袋自带的方便面时，引起了同车旅客的围观。魏应行马上就反应过来了，原来自己一直小瞧的方便面，更适合当时的大陆市场。

当时内地生产的方便面很便宜，但是质量很差，多为散装；国外进口的方便面质量好，但是五六块钱一碗，对于当时大多数人的消费水平来说太贵了。

于是，魏应行汲取了以前方向错误的教训，决定生产一种物美价廉的方便面，根据内地消费者的消费能力，把售价定在1.98元人民币。那个极具亲和力的笑呵呵的"康师傅"形象，也是魏应行根据当时大陆消费者的喜好而设计的。

"康师傅"第一碗红烧牛肉面在1992年8月21日诞生，一夜走红，受到人们的欢迎。

魏应行是在错误的时刻及时纠正了方向才得以成功的。做事情就要这样，如果方向错了，那就要赶快纠正，不能"死要面子活受罪"地死磕到底，到头来只能是白忙活一场。方向是茫茫森林里的指南针，指引着人们成功走出大森林；方向是漫漫黑夜里的光亮，照耀着我们走出忙碌的八阵图。

勤奋是成功者的必备素质，方向是成功者在茫茫大海时的灯塔，我们可以像回家的老黄牛一样拼命拉车，但至少要知道家在何方。忙碌的人，请在"百忙"之中偷个"懒"，抬头看看方向，莫让汗水白流，白活一场。

不给想法设限，才能活出无限人生

思维像是一棵树，可以蔓生出无限枝丫，每一个枝丫都能开出不同的美丽花朵。可是偏偏有人故步自封，给自己的想法戴上紧箍咒，因此失去了许多好的发展机会。想要活出自己的精彩，你需要浇灌思维之花，方能灿烂人生。

毕业后，戴丽从事品牌策划工作，为了做出好的作品，她每天早出晚归，利用工作之余积极充电。功夫不负有心人，几年之后，戴丽成长为一个专业的策划人员，也积攒了一定的工作能力和工作经验。

时间久了，戴丽觉得自己应该换一个环境。虽然现在这个公司的环境不错，待遇也可以，但是从成长空间上来说，没有什么发展性。最重要的是，她觉得自己在这个岗位上学不到新的东西了，这让她很苦恼。

有一天，朋友告诉她，有个世界五百强公司正在招聘高级品牌策划经理，让她去试一试。戴丽听了非常兴奋，认真写了简历，然后投给那家公司。过了几天，公司通知她去面试，戴丽既激动又兴奋。

到了公司，她才觉得自己高兴得有点早。因为面试有三轮，分别是初试、复试和面试，前两轮听起来虽然比较吓人，但是主要考评内容是面试者以往的工作经验，让面试者谈谈工作案例，然后考官衡量应聘者的工作能力。这两轮对戴丽来说毫无难度，她顺利过关。

到了第三轮面试，戴丽信心百倍。她做足了充分的准备，希望能打动考官。当她进入面试室时，里面等待她的是两位和蔼的考官。

这一次，他们并没有问她几个问题，只给了她一套白色的套装，还有一个精致的黑色皮包。戴丽收起来后，考官对她说："你好，现在请你找个地方换上我们给你的衣服，然后拿着公文包，等五分钟之后再过来面试。但是有一个问题要提醒你，这套衣服上有一个地方是脏的，我们对员工的要求是着装整洁。所以你需要好好想想，该怎么处理那个污点。"

戴丽听完这话，赶紧拿着衣服和包，冲到洗手间。她飞快地找出那块污点，抹上洗手液，用力地搓了起来。但是这块污点并没有清洗掉，她又想用烘干机把衣服烘干。时间马上到了，她只能赶紧穿上，用纸巾吸吸水。虽然戴丽知道这是在做无用功，不过她也没有别的办法，只能穿着又湿又脏的衣服忐忑地回到了面试室。

当她沮丧地出现在面试官面前，考官并没有很意外的样子。他问戴丽："你衣服湿了，同时脏的东西也没有洗掉，对吗？"

戴丽非常诚恳地回答："是的。我已经抓紧时间，用了我所有能想到的办法，但是都没有办法把它洗干净。而且时间不够，我没来得及烘干。"

面试官听后笑了笑，然后请她回去等消息。戴丽已经知道自己落选了，但是她不甘心，就追问道："抱歉打扰您，我知道自己可能不会被录用，但是您能告诉我正确的处理办法吗？"

面试官并不介意地说："你努力的方向错了。我们是给你了一套脏的衣服，但同时还给你一个公文包。你完全不用浪费时间和精力去除掉污渍，只需要用包挡住污渍即可。市场策划要求有想法、有创意，但是你的行为说明你并不是很擅长这一点。"

戴丽听到这个解释，心里突然踏实了许多。她知道了自己的不足，自然也懂得了以后努力的方向。

许多人都跟戴丽一样，遇到问题只会用最常规的思维去解决。但是这种行为，无疑是把自己的思维变成一堵墙，自己在墙这头，而成功在墙那头。这会让我们的生活和工作四处碰壁，感觉疲惫，甚至产生一种虚度光阴的感觉。这种状态下，又何谈积极与奋进呢？

一块石头有什么用？可以用来盖高楼大厦，也可以铺在脚下；可以在上面做雕塑，也可以用来做武器……当思维变得丰富，不被困境局限住，才能将创新运用到工作和生活中，活出人生的各种可能性。或许，它还能把困境变成机遇。

丁茹经营了一家高级私人订制女装店，来她店里的客户要求都非常高。不过，这难不倒丁茹，大学读服装设计的她，经常能做出许多高贵又大方的款式，让客户放心穿，绝对不会撞衫。

这一天，有个客户在她这里定了一条黑色长裙，告诉她晚上过来取，请她帮忙熨好，她会直接穿走。时间紧急，丁茹马上开始整理熨烫。但是谁承想，越忙越乱，一向细心的她居然在裙摆上烫了一个小洞出来。

丁茹急坏了，她一开始想用针线补上，但是太明显了，这个办法不可行；然后，她又想直接告诉客户，但是这样会耽误客户的事情，搞不好还会失去客户。这可怎么办呢？她脑子里想了许多办法，又都一一否定。

突然，她看到了有人穿着洞洞鞋经过店外，这让她灵机一动："不如再挖几个洞出来，做个造型！"时间紧急，她用

剪刀又剪了几个大小不一的洞，然后用金线锁好边。这么一来，裙子更加有私人订制的高贵感了。

傍晚客人来了，看到这条漂亮的裙子非常满意，当下表示以后要在她的店里多定做几套衣服，还会介绍自己的好闺蜜来。丁茹的创意，让店里的生意越来越红火。

人生哪有一帆风顺，面对困境和逆境，积极地转变思维，别给自己的想法设限，才会产生各种解决问题的办法。只有积极地采取应对措施，才能做到扭转乾坤。难题之所以难，并不是因为无法解决，而是大部分人都在靠常规思维去面对，自然是看不到希望。

拆除思维里的墙，能让你站得更高，看得更远。因为人的能力有大小、经验有多寡、技术有生疏，但是这些不是决定你能走多远的因素，因为心有多大，思维有多开阔，舞台就有多精彩。

一根筋的人会走进死胡同

不懂变通的人，想事情死板，做事情呆板，就算付出更多的努力，也只能是在错误的路上越走越远。会变通的人，看得到事物之间处处有联系，时时有联系，追求成功的路上，又何必跟自己较劲呢？

　　马戏团买来一只小象，准备好好训练它，让它成为团里的台柱子。虽然它刚生下来没多久，但是老板花了许多钱买它，所以吩咐人一定要好好照看，别让它跑掉。小象虽然小，但是力气却很大，一般的锁链和围栏，对它根本不起作用。

　　马戏团的工作人员专门定制了一根铁链，一端拴住小象的脚，一端拴在大树上。被套上铁链的小象十分懊恼，它总想挣脱离开。但是铁链非常结实，挣脱了没几次，小象的皮肤就被磨破了。铁链只要碰到它溃烂的皮肤，它就会非常疼痛。

　　慢慢地，人们发现小象不再有逃跑的行为。等到它长成一个大象，铁链子也换成了细绳和木棍。经过无数次的训练，它已经能在马戏团的舞台上自如地表演精彩节目了。这下，它成了名副其实的台柱子，马戏团的老板对它十分上心。

　　有一天，马戏团来到一个地方表演。晚上大家都睡着了，突然有人喊道"着火啦"，大家慌忙地起来，四处逃命。等马戏团的所有人都逃出来时，大火已经扑不灭了，只能眼睁睁地等着它自己熄灭。

　　事后，大家清点物品，突然发现大象被活活地烧死了！老板惊呆了，大象是马戏团最重要的主角，这下损失大了。老板非常好奇：它那么大，怎么会被烧死呢？要知道，它脚上只拴着一根细细的绳子，那一端并没有拴在大树上，而是拴在地上的小木棍上。

大象的身子像一堵墙，抬脚就可以踩死一只动物，鼻子可以横扫树丛……它力大无比，为什么不逃跑呢？为什么乖乖地站在那里，任凭大火袭来？

其实很简单，大象的脑中留有一种印象，它还觉得自己的脚上拴着那根粗大的铁链，另一端是自己挣脱不了的大树。就算是束缚它的东西已经换了，可大象没有思考更多，这种惰性思维让它失去了生命。

人是有思想的动物，有的人擅长动手，有的人擅长动脑，但不论是哪一种，都不要形成惰性思维。有惰性思维的人，思考问题保守，看问题用老眼光，他们是经验主义者，不管经验是对的还是错的。反正他们不愿意接受新的事物，那会让他们感觉到累。

一个问题可以有多种办法来解决，一件事情的结果会是多种原因引起的，如果执着于一根筋的想法，把自己逼进了死胡同，那么什么时候才能迎来自己的曙光呢？

一个老人家生病了，他的腿上长了一个疙瘩。儿子替他请来了一个本村的大夫过来看，大夫看完之后说："没什么大问题，只要割破了，敷点药就好了。"但是这个老人家不听，拒绝了大夫的医治。

大夫走后，他跟儿子说："这个医生没有水平，你得给我去县城里请一个好大夫。我这个疙瘩不是小事，如果治的方法不对，留下后遗症怎么办？"儿子听后，只得去城里请大夫了。

儿子到城里到处打听，哪一个大夫最有名气。在大家的指引下，他请到了一位年纪比较大的医生，并将其接到自己的家中，为父亲看病。谁知父亲看了这个人，就告诉儿子请大夫回去吧。儿子不解，问父亲为什么？

父亲生气地说："你看看这人，年纪比我还大，万一给我割疙瘩的时候，手一抖，我这得受多大罪啊！你得给我去省城找一个年纪不大、艺术高明的大夫！"儿子无奈地送走了大夫，重新给父亲找医生去了。

此时这位老人家的疙瘩越长越大，已经开始流脓恶化，都不敢走路了。儿子不敢耽误，但是去省城来回时间又太久，他就去请了一个年轻的名医来。名医来到老人家面前，看着被耽误的疙瘩，直摇头："这就是一个毒疮，随便一个医生给你割掉抹抹药就好了。你现在这个样子，最起码一年之后才能好。"

老人家不敢说自己拒绝了几位医生，他意识到自己的认死理差点让自己失去一条腿，这种事情他又怎敢跟医生说呢？

许多人都像这位老人一样，执着于追求最好的东西，但是这世界上没有最好，只有更好。如果因为这种思想，让自己钻进死胡同，就如同狗熊掰棒子，最终一无所获。

灵活应对生活的种种突发事件，需要我们找到合适的办法，而不是钻进牛角尖，走进死胡同。只要灵活应对，就算是手里的灯灭了，也不怕前方的路会黑，因为有皎洁的月光照亮前方，璀璨的星星洒下光亮，我们心中的光明也会一直都在。

不懂变通的人，想事情死板，做事情呆板，就算付出更多的努力，也只能是在错误的路上越走越远。会变通的人，看得到事物之间处处有联系，时时有联系，追求成功的路上，又何必跟自己较劲呢？

▢ ▢ ▢ ▢

量力而行，做自己能做的事

世界上的路很多，崎岖的山路，狭窄的森林小路，宽阔的都市马路……哪一条最适合你，哪一条就能带你最快到达成功等你的地方。

赵庆是一位登山爱好者，工作之余，他最爱的就是挑战新高度。有人问他，你最高能爬多高呢？赵庆思索了一下，说："是 6400 米！"大家很奇怪，为什么是这个数字？这是如何计算出来的呢？赵庆说，那是我爬世界最高峰——珠穆朗玛峰的最高纪录。

当年，他跟一帮登山运动员一起攀岩，其中有一个人突然提议："不如哪天大家一起去爬珠穆朗玛峰吧。那可是世界第一高峰，如果能爬到峰顶，这一生都无憾了。"大家被他说得热血沸腾，于是，他们约定了一个日子，准备组团去挑战。

赵庆精心做好了准备工作，站在珠穆朗玛峰的脚下，他与朋友们都特别兴奋。这座世界最高峰海拔8844米，山势陡峻，巍然耸立。不过，这里海拔很高，容易缺氧，有些人还没开始爬就应有不适的感觉。

等大家都准备好之后，他们开始攀爬。当天天气非常好，并没有下雨或者下雪等危险事情发生。赵庆天生体力不错，一口气爬了两三千米，并没有觉得有什么不适。看到有的队员因为缺氧受不了，就直接下山休息去了，他还觉得不能理解。

不过，当他爬到五千多米的时候，已经感觉到身体不太舒服了，爬起来也非常费力。有队友劝他早点下去，他的这种表现应该就是高原反应，应该及时休息。但是赵庆觉得自己还可以坚持。

眼看着他马上爬到了六千多米，整个路程已经走了四分之三，再坚持坚持就可以站在梦寐以求的珠穆朗玛峰峰顶。但是赵庆觉得自己一步都走不动了，头晕、恶心、心跳加速、视力模糊……种种不适的感觉，让他感觉自己濒临死亡。

此刻，他已经在6400米的地方了，有的队友劝他坚持一下，有的让他赶紧下山休息，还有的说在原地休息一下再做决定。同时，还有个队友跟他出现差不多的状况，也是在

纠结下一步该怎么办。

赵庆没有思考太久，决定马上下山。他明白 6400 米已经是他能承受的最大极限。如果继续勉强自己走下去，那么会造成严重的后果。虽然胜利在望，但是比起登峰的胜利感和征服感，他觉得自己的生命更重要。回到山脚下的赵庆，感觉自己又活过来了，没多久就恢复了体力。

而那位跟他有一样状况的队员，却要坚持往上爬，结果在快七千米的时候，人陷入昏迷，情况十分危急。大家把他送到山下，叫来救护车。到了医院，人虽然被救醒了，但是身体肯定受到了损害，留下了后遗症。

极限挑战是有原则的，人不能跟自己的能力叫板，一旦失败，将会带来不堪设想的后果。每个人都有自己的特长，也肯定有自己的短板。人的痛苦就在于求而不得的不甘心，如果发现正在做的事超出了自己的能力，不如就果断放弃。

万事万物，一切皆有法。天然的喷泉，壮观又美丽，但无论如何都不可能高过它的源头。人应该有自信，保持乐观，但是盲目的自信会变成自负，不顾自身的能力，失败了自然会摔得头破血流。

安德鲁是一个建筑大设计师，曾经写了一部《建筑学四书》，后来的同行视其为"圣经"教科书。但是在这之前，他却是一个失败的设计者。你知道他都经历了什么吗？

他曾开了一家建筑公司，并希望自己的队伍全是精英人才，希望公司能够在业内排名靠前，设计出让客户最心动的建筑。

作为老板，他真的是非常尽心尽力。公司管理上，他要挑大梁，保证公司的正常运转；公司业务上，他亲自跑市场，拉客户；与此同时，他还要参与建筑设计工作，毕竟那是他的专长。他既是老板又是员工，那一段时间，忙得团团转，每天都筋疲力尽。

在这种状态下，他坚持设计工作，却早已经没有了灵感。他设计出来的作品，经常被客户否定和批判。那段时间，他特别迷茫，自己付出了这么多，结果什么都做不好。连曾经最得心应手的设计工作都做不好，问题究竟出在了哪里？

迷茫到不知所措的安德鲁，去找一位恩师谈心，诉说他心中的苦恼。老师听完他的诉说，只说了一句："做好你自己能做的事，这就足够了。"一语惊醒梦中人，安德鲁能做好什么事呢？当然是设计了。其他的事情他不擅长，就算花很多的时间和精力，也会做得一团糟。

索性他把公司大部分的工作交给了公司的领导层成员，自己只专心搞设计。没多久，灵感重新回来了。他不仅写了《建筑学四书》，还设计出许多让客户赞赏不已的作品！他没有管理公司，公司却运转得比以前更好了。很快他就实现了自己的愿望，他的团队成为业内翘楚。

我们都希望自己可以做一个全能人才，但是这世上极

少有人能做到这一点。所以量力而行，做自己力所能及的事情，专注于自己最擅长的事情，才能取得成功。让一只青蛙去参加飞翔比赛，是没有意义的事情。做自己喜欢而又擅长的事情，才能守得云开见月明。

小小的孩子，希望自己可以做个超人，那是他美好的梦想。等到他慢慢长大，知道自己的能力，才会放手不切实际的幻想。世界上的路很多，崎岖的山路，狭窄的森林小路，宽阔的都市马路……哪一条最适合你，哪一条就能带你最快到达成功等你的地方。

ロ ロ ロ

别害怕，人生本来就是从零开始

放手去拼搏，最坏的结果不过就是失败。我们本来就是从无到有，就算失败，也没有什么损失。

李杰出生在农村，从小父母就教育他要好好学习，考上好大学，这样才能够鲤鱼跳龙门，做个让人羡慕的城里人。李杰头脑聪明，读书用功，果然考上了一个好的大学。通知书送来的那一天，父母放了一挂响亮的鞭炮。按照村里习俗，父母要摆酒宴，亲戚朋友们都对李杰竖起了大拇指。

在大家羡慕的目光中，李杰背起行囊来到了大城市。大学四年，他跟高中一样努力，不敢懈怠，就是为了能够实现父母的愿望：在城里找一份体面的工作，不再回农村。

很快，李杰大学毕业了，他跟每一个从乡村走出来的大学生一样，渴望留在大都市里。但是投了一个月的简历，他发现在大城市中找到合适的工作，真的是太难了。城市里的大学毕业生多如牛毛，他与几个老乡每天都在投简历、面试，却没有合适的工作。

这让李杰非常苦恼，上大学就必须得留在城市里吗？回到农村，只要能有门路，一样也可以做得很好吧。于是，他跟爸妈打电话商量："爸妈，城里工作不好找，我想回家找点事做，不给别人打工，自己当老板。"爸妈虽然没有发脾气，但听得出来不希望他回来："你读了那么多年的书，要是大学毕业回来，别人说闲话就罢了，你就相当于从零开始了，以前读的书也白读了！"

李杰听后，感觉爸妈说的有道理，回去从零开始，以后能做成什么样子，还不一定呢，不如就在城里先找份工作做一下吧。他找了一份工资不算高、专业不算对口的工作，开始了朝九晚五的上班生活。

一两天还可以，可半年过去了，李杰觉得这种生活看不到头。他突然觉得：既然在哪里都是从零开始，为什么不尝试一下自己的想法呢？在城市读大学不一定要留在城市，回到农村一样有发展啊。他本来就一无所有，又何必害怕失败呢？

　　这一次,他说服了父母,决定回家创业。通过市场调研,他觉得绿色养殖业是很有前途的事业。他用家里的存款,加上他在城市工作赚的钱,买了一些小鸡苗。他想通过绿色养殖,不添加任何饲料,把小鸡养成绿色健康的跑山鸡。

　　但是因为没有经验,没多久,一些小鸡生病了,因为没有得到及时处理,导致小鸡苗死了一大半。李杰心疼的同时,决定向乡镇技术员请教,跟兽医做朋友,还在网上买了许多书籍资料。

　　功夫不负有心人,到了这一批小鸡苗长成大鸡,李杰联系到城里的客户,卖了一个好价钱,赚了几万块钱。父母本来不同意他回来,现在看他做得有声有色,也不说什么了。

　　后来李杰养出了经验,就扩建基地,建了一个小小的跑山鸡养殖场,把父母请过来帮忙。几年之后,李杰成了附近有名的养殖专业户,收入颇为丰厚。

　　而当年他那些坚持留在城里的同学,还在为微薄的薪水奔波。大家再聚会时,李杰显然是个大老板模样,那些跟他同样是农村出身的同学,见了他都说着同样的话:"你能回老家从零开始,真是太有勇气了。"

　　他曾经是一个天之骄子,从农村走出去的大学生,实现了鲤鱼跳龙门,而毕业后成为一个养殖大王,这是不容易的。心态要迅速转变,工作环境天壤之别,工作内容也是完全不同，但是李杰做到了从零开始，从零学起。他的大学没有白读，回到农村，也一样做出了骄人的成绩。

其实，什么事情不是从零开始的呢？想要爬上人生的高山，就要从第一步开始迈出去，从山脚下开始攀爬，一步步踏实地往上爬，才能看到让人向往的山顶美景；想要做大做强一份事业，就要从手中的每一个工作做起，每一天的努力和积累才能实现自己创业成功的目标。

可是，为什么许多人都不敢迈出第一步呢？第一步意味着白手起家，意味着从零开始。零在大多数人的眼里是个可怕的数字，它意味着什么都没有，代表着自己要失去拥有的一切，甚至许多人都觉得零就是失败的代名词。但是，从辩证的角度看，零更像是一个重生的机会。从零开始，抛却过去所有的负担与顾虑，重新开始，是一个有着无限可能的开始。只要相信自己，积极向上，就有从零到一百到一千、一万的可能。

每个婴儿刚刚出生的时候，都是从零开始的状态。他们不会说，不会走，不会思考，除了本能的吃喝拉撒，所有的情绪都只会用哭来表示。但是看他们成长得多快，慢慢地会跟大人撒娇，会要求抱着走着哄睡，学会爬和走。再过几年，他们飞奔的身影，流利的表达，会让你不记得他们什么都不会的状态。

如果让你从 0 到 10 之间选一个数字，你会选择什么呢？相信一些人会选择最大的数字，那代表着拥有更多；还有的人会选择自己的幸运数字，相信那会给自己带来好运；那有人会选择"0"吗？很少有人会这样做，因为他们还不懂"0"的妙处。它看起来什么也没有，小得可怜，也少得可怜。其实，它就像一只潜力股，拥有"0"，意味着更多的可能性。

仔细想想，不管在 0 的前面还是后面加上数字，都将改变 0 的命运。它前面放一个"1"，就变成十倍之后的"10"；它后面放一个"1"，也实现了从"0"到"1"的跨越。不管加什么，都会实现从无到有的状态，一切都发生了本质的改变。

生意失败了，努力白费了，一切从零开始，努力拼搏还有东山再起的可能；

爱人离开了，感情没有了，一切从零开始，心怀期待还有遇到有缘人的可能；

身体生病了，健康没有了，一切从零开始，好好保养还有身体更棒的可能；

……

怕什么呢？人生本来就是从零开始，那是我们生命最初的状态。放手去拼搏，最坏的结果不过就是失败。我们本来就是从无到有，就算失败，也没有什么损失。

真正的智者，不会让压力和顾虑阻挡自己前行的道路，那样的负重未免太累了。不怕失败，从零开始，勇敢快乐地前行，才能创造无限的可能。

□ □ □

不要停止学习，否则破茧成蝶将永远是童话

没有什么是学习做不到的事情。我们说活到老，学到老，不是为了往自己脸上贴金，而是想在梦想的路上走得更远一些。

辰辰不喜欢读书学习，她能考上大学纯粹就是父母每天耳提面命的结果。大学毕业之前她就决定，以后离书本远远的，世界如此美妙，何必要把青春浪费在学习上。人生在世，吃喝二字，这才是辰辰内心的真正追求。毕业前夕，同学们都把自己的专业书快递回家，以备将来用得上。辰辰却叫来一个收废品的师傅，把全部书籍都卖了。

终于解放了！辰辰兴奋地规划着自己以后的生活，她仿佛看到自己的生活正在闪耀着璀璨的光芒。一个不喜欢学习的人，应该不会活得太坏！她自信地想。

上班第一天，辰辰把自己收拾得干净利落，一看就特别招人喜欢。只是她没想到，上班第一天，人力资源给他们培训，说的第一句话就是："大家好好学习培训课程，培训结束要考试，如果不及格，将会被退用。"一番话说完，辰辰傻眼了，怎么工作还要学习啊？

但这份工作是她梦寐以求的，她不想就这么失去，只能

在培训过程中认真记、认真背，以求自己能够顺利过关。还好，辰辰头脑并不笨，靠她的聪明伶俐，培训后的考试成绩还不错。

正式安排工作了，辰辰被带到一个领导模样的女士面前，人力资源的同事告诉她："这是关经理，以后是你的直接上司，你的工作由她来安排。"辰辰赶紧向领导表决心："关经理，有什么工作您尽管安排，我一定会努力做的。"

关经理微微一笑："不着急，你先学学我给你的这些资料，只有先学习，才能更好地接手工作。"辰辰满口答应，心中却暗暗叫苦："怎么这个公司什么都要先学习啊？就不能给我安排一点活先干着么。"

不过没几天，辰辰就变成了关经理的粉丝。在大家的眼里，关经理虽然40多岁，但是保养得非常年轻，而且气质高贵，女人味十足。如果你认为她是个花瓶，那么就是大错特错了，她家庭幸福，事业成功，十足的人生大赢家。

辰辰跟关经理时间长了，就问她："经理，你为什么这么完美啊，别人都特别羡慕你，家庭事业双丰收！"

那天下午，两个人工作之余闲聊了一会儿，辰辰听了一个破茧成蝶的美丽故事。

关经理年轻的时候，是个假小子。她全身上下没有一丝女人味，与男孩子称兄道弟，跟朋友交往不拘小节。别人给她介绍过男朋友，虽说她长得不错，但因为性格和气质，谈了没多久就都散了。情场失意的她决定改变自己。怎么改变呢？只能通过学习。她买了一系列女性打扮和谈吐的书，也会参加相关礼仪培训课程。

聪明如她，经过系列学习，在生活中仿佛变了一个人。她会化得体的妆容，会搭配出适合各种场合的衣服，走在人群中气质卓然。很快，一个帅气多金的男士与她一见钟情，两个人组成幸福的家庭，至今还相敬如宾。

感情上她是成功的，事业上也让人羡慕。但是最开始的时候，她只是一个小小的职员，什么也不懂。对待工作，她只有一腔热情，不知道什么是工作技能，不知道什么管理办法。但是她没有就此停住自己的脚步，又一次制定了学习目标。她参加公司组织的培训、公司外的培训，学习业务和管理。别人休息的时候，她永远都是在充电学习。

两年的时间过去了，她的能力大大提升，被委以重任。关经理对辰辰说，那时候有种感触，每一次学习都会有收获。过去自己的学习是被动的，但是生活让她明白，人只有不断地学习，才能不断地进步。过去要学，现在也要学，将来更要学。

那天下午，辰辰突然很想回到大学毕业前她把书卖了的那个下午，她不该就这么跟学习"一刀两断"。但是一切还不晚，辰辰知道自己现在还是缩在壳里的茧，如果不学习，她永远无法变成美丽的蝴蝶在阳光下飞翔。

学习和考试是最公平的事情，只要你付出，就能收获成绩。也许我们不能决定自己的出身和阶层，但是不停地学习，能带我们打开人生中崭新的窗户，让外面新鲜的空气和温暖的阳光浸润自己。不要觉得学校教育结束了，就可以不用学习了。或许只有等工作之后，才能感悟到，学习是用最低的成本，提升自己的最好途径。

许多人崇拜巴菲特，这位传说中的股神，到底用了什么办法成为投资界的天才呢？许多人想通过看他的纪录片，找到他成功的秘诀，结果却发现，原来秘诀一直只有一个。

巴菲特还是小孩子的时候，就开始读书。当别人还在看故事书的时候，他已经通过自学看懂了那些与投资相关的书籍。慢慢地，家里的藏书已经无法满足他的需求。他最喜欢待在哥伦比亚的图书馆，一待就是一天。看书学习的日子，是他最快乐、最满足的时光。

所以，当他长大成人，他不喜欢电脑，不喜欢智能手机，只喜欢在自己的办公室里放满书籍，好让自己随时都有学习的机会。通过不间断的学习，他投资的股票获得了巨大回报，同时他还是世界最大投资公司的管理人。

当他老了，依然保持着年幼时学习的习惯。他的大脑和思维不同于同龄人，相比之下他敏锐得多，也聪明得多。好朋友说他就是一本长了两条腿的书，长年累月的学习，成了他的乐趣，让他成为大家眼中神一般的投资人。

大家都想生活得更好、更精致，万事万物都是学问，所以想要做到更好，就要把学习做到极致。做家务有技巧，工作上需要专业知识，感情维护需要理论指导……没有什么是学习做不到的事情。我们说活到老，学到老，不是为了往自己脸上贴金，而是想在梦想的路上走得更远一些。

有人会问"我今年已经三十多岁了，现在学习还来得及吗？"或者说，"我每天很忙，根本抽不出时间学习"，请转变你的这种思维吧，时间是海绵里的水。如果不想做一只永远躲在黑暗中的茧，不想一辈子在原地打转，从现在开始，让学习成为你的习惯。

↗

08
CHAPTER

别说要等待机会，
成功需要制造机会

—

　　毫无疑问，我们都对成功有着深深的渴望，但成功的前提之一是要有机会。很多人一生都是在被动地等待机会，他们人生更像是听天由命。而那些真正的努力者，并不是机会对他们情有独钟，而是他们会谋划机会，这才是他们异于常人的地方。

■ ■ ■

□ □ □

不懂销售自己，就是埋没自己

挂在嘴上的不服气，是对生活无意义的抱怨。这世界太大，伯乐又有几个？想要在这大千世界脱颖而出，就要学会展示自己。把自己当作一件极珍贵的"商品"，不是贬低，而是给自己一个机会。否则，埋没了自己，又哪里能寻得后悔药吃？

许亮大学毕业后，就申请了出国留学。因为成绩优异，他很快被一所美国名校录取。在同学和老师的祝福中，他来到了美国，开始了新生活。

他曾在电视和电影上看过留学生的生活，那种半工半读的状态，看起来非常辛苦。不过，他已经做好了心理准备，毕竟自己的家境不算好，大学都是靠自己做兼职读下来的。来到美国后，许亮跟许多留学生一样，除了上课时间，就去做兼职，有时候是去餐馆刷盘子，或者去货站打零工。

虽然许亮是不怕吃苦的人，但是这种打工方式赚钱不多，环境恶劣，而且对于他的学业也没有任何帮助，所以他决定找找其他机会，说不定可以换个好一点的工作。

这天，他在学校网站上发现一个招聘信息：本校教授想要在学生当中招聘一人作为他的助教。许亮惊喜地发现，自己的各项条件都符合，他决定必须得试试。用心填写了一份简历后，许亮投了过去，并打电话确认对方已经收到邮件，只需要等通知就可以了。

没几天，有个电话通知他去初试。许亮赶到那里的时候，发现至少五六十人在排队等待初试。他想：果然是份好工作，所以应聘的人这么多。不管怎么样，一定要好好表现。

初试结果出来了，共有 36 个人通过了初试，其中有 5 个中国留学生，包括许亮。那几个人许亮也认识，大家碰到的时候还讨论了一番。有小道消息传来，那位教授可是从来没有聘用过中国留学生作为助教。有人直接说："咱们就别费那个力气了，有准备复试的时间，还不如去多刷几个盘子多赚点钱。"

许亮却觉得这是个好机会："就算教授真的没用过中国助教，但是不代表他不会录用我。好好准备一下，让教授能够看到我的能力，让他觉得我是所有应聘者中最优秀的，说不定有好机会就会给我！就算失败，也当一次锻炼，也很不错。"

为了这次面试，他泡在图书室，研究资料做功课，甚至好好研究了一番教授的课程和研究方向。复试当天，与他同时入选的其他四位留学生都没有来，只剩他一个中国人。其他的应聘者对他投来质疑与不屑的目光，显然他们都觉得教授不会聘用一个中国助教，许亮这是白费力气。

不过，许亮没有放在心上，他调整好自己的状态，来到教授的面前。教授态度和蔼，并不像外面传言的那样对中国留学生有偏见。经过之前充分的准备，许亮对教授的问题对答如流，看得出教授对他十分满意。

面试后，大家被召集在一起听结果，被录用人员只有一个，教授说出来的名字是"许亮！"他非常激动地问教授："真的是我吗？您为什么会录用我呢？"

教授微笑着说："在这些人当中，你或许不是最优秀的，你却是最勇敢的，能够站在我的面前走完整个流程。虽然我之前并没有聘用过中国人，但是你只要能胜任，我没有拒绝你的理由。你的四个中国同学，连尝试一下的勇气都没有，真的很遗憾。所以你能够胜出，不是因为你打败了其他人，而是战胜了你自己！"

教授的话深深地刻在了许亮的心里。毕业后，不管是他到别的公司应聘，还是成立自己的公司，他都觉得这是推销自己、战胜自己的机会，与其他人无关。如果没有勇气展示自己，就会埋没了自己。

哲理诗人汪国真说过一句话："悲观的人，先被自己打败，然后才被生活打败；乐观的人，先战胜自己，然后才战胜生活。"这个世界上，所有的难题都是来自于人的内心，打败自己内心的恐惧，才能让自己更接近成功。

当一个人看淡了失败，不在乎别的人想法，只专注于自己，专注于事情本身，那么世界必报之以成功和微笑。任何事情都是可以由自己主宰的，成功不要夸耀自己，失败不要质疑自己。专注内心和过程，把自己完美地推销出去，才是强大的法宝。

没有机会，就要创造机会

人人都知道机会的重要性，都想利用机会打一个漂亮的翻身仗。但是三流的人眼看机会从指缝溜走，抓不住；二流的人知道机会很重要，只要出现机会就会抓住；只有一流的人，才懂得如何创造机会。

秦思在一家商业银行工作，虽然她只是一个柜员，但是每年的业绩考评都是第一名。许多人非常奇怪，她并不属于能说会道的那一类人，为什么收入最好、提拔得也非常快呢？是因为长相不俗，还是声音甜美，或者是她会读心术？

听到这些猜测，她并没有当回事，依旧在自己的岗位上做得风生水起。有一次，银行招了一批新人，让秦思去给他们讲讲业绩提升的方法。在那一次的交流中，大家终于知道了她的秘诀所在。

秦思说："刚工作的时候，我也不知道该如何下手，当客户来了，他们让我做什么，我就做什么，并不会多说一句话。那时候业绩平平，提成也少，但是熟悉了业务之后，我开始多看别人怎么做，多问客户要做什么，多想如何能让客户信任我，多做工作中力所能及的事情。因为我知道，机会往往就得自己创造，等是等不来的。"

新来的员工听了她的这些话，仿佛懂又好像没懂。秦思也发现了，就给大家讲了个前不久刚发生在她的工作岗位上的小故事：

银行也有老客户，比如有个阿姨，她今年已经快60岁了，每次办理业务都是来我们这里。时间长了，大家就知道她的情况了。这个阿姨有一儿一女，都在国外工作，每次儿女给她汇款，她就来我们银行办理一下业务。

这一天，这个阿姨又过来了。这一次她要取钱，而且是要取五万美金，这可是个大数目。当时我不在，是一个刚来的员工在给她办理。她没有问客户要取这么多钱干什么，就要给客户办理这个业务。

当我回来时，看见是那个熟悉的阿姨，就问她这次来办什么业务。当我听到她要把五万美金全部取出来时，就觉得不对劲。我生怕阿姨是被人骗了，就问她取这么多钱要干什么？阿姨说，钱放着也是放着，不如就听朋友的，拿出来炒炒股算了。

原来阿姨是想拿这笔钱投资，我赶紧告诉客户："我们银行外币质押率高于他行，外汇交易点数也比较低，您不如就在我们银行把这五万美金换成人民币也可以，或者直接存储也可以。现在股市不稳定，您也没有这方面的经验，我们不建议您把这钱做这方面的投资。阿姨，您仔细考虑考虑。"

因为这个客户跟我比较熟，对我也非常信任，听了我说的一番话之后，她当时就决定把这五万美元存三年的定期。她说她还有一笔钱在别的银行，也快要到期限了，到时候也存到我这里，免得跑来跑去比较麻烦。

那一次我多问了客户一句话，就为银行增加了外币存储，也拉到了存款，还赢得了客户的信任。当然，自己的业绩也提上去了。

人人都知道机会的重要性，都想利用机会打一个漂亮的翻身仗。但是三流的人眼看机会从指缝溜走，抓不住；二流的人知道机会很重要，只要出现机会就会抓住；只有一流的人，才懂得如何创造机会。这也是大家会出现差距的主要原因。

某大型公司招聘部门主管，人力资源收到很多应聘申请，看来大家对这个职位都非常有兴趣。人力资源经理经过重重筛选，组织了两次面试，最终筛选出甲、乙、丙三个应试者。三个人都非常优秀，一时间人力资源经理不知道该选择谁。

这时候甲来了个电话，他说自己非常想得到这个职位，希望能给他一次加入公司的机会。这个举动给人力资源经理一丝好感，于是告诉他结果还没出，有结果会通知他。

没多久，乙也打来了电话，告诉经理自己给他发了一封邮件，希望经理抽时间看一下。他没有说太多，就把电话挂了。经理到邮箱一查看，发现乙自己写了一封长邮件，在邮件中表达了自己对公司的向往，也分条解释了自己为什么是最合适的人选。最后，他还写了一个关于部门主管未来职责和努力方向的报告。

而丙一直没有任何的举动。

如果是你，你会如何选择？当然是通知乙来上班了！面对机会，丙没有做出什么行动，只是静静地等待；甲知道这是个好机会，他做出了反应，却没有看到他的用心与渴望。只有乙，他击败了其他人，被成功地聘用。原因很简单，他主动出击，还没有得到职位，就已经身在其位。

机会稀少，人生短暂，守株待兔的结局是悲凉的，就因为一次偶然，他捡到了一只自己撞死的兔子，接着就一辈子等在那里，虚度光阴。良机迟迟不来，难道我们要坐以待毙？聪明的人，知道自己动手创造机会。

就如一个人想要在茫茫人海中寻到另一半，除了要有发现机会的眼睛，还要学会主动制造机会去结识另一半。只有跟对方结识，才能展示自己，俘获芳心，最终抱得美人归。

没有机会，就要创造机会！我们总以为自己才华满腹，却没有展现的机会，所以才将生活过成了平庸的模样。殊不知，机会也需要自己创造，只有这样，才能提升自己的能力。羡慕和抱怨都是没有意义的，努力争取，用心创造，远比等待有意义得多。

□ □ □

每一种选择都有风险，每一种风险都是机遇

生命是一场未知的冒险，生活是一张写满选择的考卷。没有人能猜得到生活的结果，因为每一个选择都有风险，但是每一种风险后面又都是机遇。

苗苗从小就喜欢看电视，但是她跟小伙伴喜欢看的东西不一样。别人喜欢看动画片，她却喜欢看电视剧。每当看到那些漂亮的明星说着优美的台词，苗苗羡慕得心都要飞起来了。

长大之后，学校的同学都在追星，苗苗也不例外，但她还是喜欢那些能在荧屏中展现美貌与演技的明星。就这样，她一路追星到高中。当父母和老师问她将来想报考什么学校时，她的回答让他们都惊呆了：电影学院。再问她想学什么专业，她的回答是：表演！

父母和老师都沉默起来，然后开始劝她考虑考虑别的方向。原因大家都很清楚，苗苗自己也知道。首先，她长得虽然不难看，但是肯定不算漂亮，就是一个普通女孩子；其次，她虽然不是个内向的人，但是没有任何艺术特长，从未见她有什么表演的天赋；最后，她的气质也很普通，丢在人

堆里就找不出来的那种。她的这种条件，想学表演做明星，简直就是在做白日梦。

但是苗苗个性十分要强，决定的事一定要尽力做到。虽然没人支持她，但她却靠着自己不错的文化课成绩考上了某大学的表演系，虽然不是电影学院，但是她已经很满足了。

上了大学，苗苗以为自己会有很多试镜的机会，感觉离当明星的日子不远了。但是她错了，整个大学期间，除了老师要求的表演课作业，还有平时给同学的片子客串一下，她没有任何拿得出手的作品。虽然她很有悟性，不管什么角色，都能理解得很透彻。但是因为外形和气质的局限，她表演出来，也如她本人一样没有吸引人的地方。

有时候苗苗也会想，不如就放弃吧，世界上能有几个许三多、王宝强呢？但是下一秒，她就想一定要再尝试一下，想在梦想的道路上走得再远一些。只要心中还有热情，还没有死心，她就不想放弃自己的选择。

毕业之后，她有好一阵子都没有接到戏，因此也就没有收入。这可把父母急坏了，他们希望自己的女儿能过上稳定的生活，所以四处托人为女儿找工作。有一天，有个亲戚给苗苗打电话，让她周二去参加考试，那是一个效益不错的单位。只要苗苗能通过笔试，面试肯定没问题。刚挂了电话，苗苗的同学又打来电话，说有个大公司拍广告，让她去试试，如果能通过，以后就不愁没有戏拍了。

苗苗挂了电话，心想："老天，这是在考验我么，考试和试镜居然是在同一天！"一个是让人羡慕的稳定工作机会，一个是未来不可知的广告试镜，苗苗她会选择哪一个？

她感觉到为难，但仅仅为难了两分钟。随后，她就下定决心要去试镜，毕竟那是她从小到大的梦想，虽然这个选择风险特别高，但说不定就是人生的转机呢？

到了周二，苗苗去了片场，试镜通过，参演了那个大公司的广告。但因为不是演女主角，她扮演一个容易被人忽略的配角，所以最后没有高片酬，也没有大名气。拍完之后，她还是她，又回到了原来的处境。

许多人替她惋惜，爸妈也都埋怨她。但是大家都不知道，苗苗在那一次的拍摄过程中，第一次接触到广告策划的工作，觉得很适合自己。从那之后，她就开始转型，电视明星梦放下了，她要做一个幕后创作者。

如今的苗苗已经是行业里的翘楚了，经她策划的广告，反响都很不错。有时候回家跟爸妈聊天，他们会开玩笑地问她："还想做大明星吗？"她一笑而过。其实，她早就告诉自己，自己当年那个不切实际的明星梦就算没有实现，但是却激发了她的勇气，她也付出了努力，所以才能成就今天的自己。正是自己的坚持，才给了她人生中的最好机遇。

生命是一场未知的冒险，生活是一张写满选择的考卷。没有人能猜得到生活的结果，因为每一个选择都有风险，但是每一种风险后面又都是机遇。如果因为恐惧，而不敢做出选择，只能被生活推着走，这样的灵魂该是多么的无力而又

苍白；如果勇于探索，能抓住机遇，如此的生命又会是多么的精彩和富足。

选择给予我们自由，风险激发我们的勇气，而风险过后，机遇如期而至。生命的旅程虽跌宕起伏，却值得我们用心付出和期待。

□ □ □

机会是达到成功的"催化剂"，它不会从天而降

每一位成功者都是靠着自己主动创造的机会而走向人生巅峰的，坐等只能虚度大好的时光。为自己创造出机会，展现自己的能力，主动创造机会，就是为自己制作成功的"催化剂"，总会有那么一刻发生化学反应，开出灿烂的烟花。

李青和孔梦瑶是自小相识的好朋友，她们上了同一所大学，住同一个寝室，而且还拥有一个相同的职业理想——做一名电视节目主持人。

大学四年的学习生涯终于结束了，她们两人投了不少简历，跑遍了当地的每一个广播电台和电视台，但得到的回复都是："对不起，我们只用拥有工作经验的人。"

李青开始变得焦急，整日闷闷不乐，暗暗祈求上天能赐给自己一个机会。

"我可以的。"她给孔梦瑶打电话说，"我的才能完全可

以胜任主持人的工作，但老天总是不给机会，只要上天赐给我一次上电视的机会，我就会成功的。"

孔梦瑶在电话中安慰了一番，笑笑说："李青，上天怎么会给机会呢？机会是自己争取来的。"

李青嗤鼻一笑说："争取就有机会？简直是笑话。"

一年多过去了，李青还是在苦恼中挣扎着，上天没有给她机会，她还在等。

孔梦瑶放下电话后，翻阅着很多电台回复的电子邮件，想："都是说没有经验，但没有工作的机会，怎么会有经验？虽然要求不合理，但也必须想办法达到。"

于是，倔强的性格让她开始为自己争取。她仔细地浏览着网站招聘信息，把工作范围进行了扩展，不再限制于当地和各大城市。功夫不负有心人，她发现了一个小县城招聘电视台主持人的信息。

这个小县城坐落在大山中，经济落后，偏远荒凉，但是对于孔梦瑶来说，这可能是一个机会。于是，她迅速地投了简历，而且很快得到了回复，她被录取了。

虽然这个电视台不大，而且条件艰苦，但孔梦瑶终于和电视沾上边儿了，而且一段时间后，还独立主持了其中的一档栏目。

孔梦瑶很努力，经过一年的时间，她积累着工作经验，主持能力在实践中得到了提升。很快，她再次向市区的电视台投简历时，得到了肯定的回复。一年后，她顺利地回到市区的电视台，并逐渐成为一名著名的主持人。

而李青，还是为着没有工作经验而烦恼，找了一份与电视台无关的工作，混着日子。

"人们总是把自己的现状归咎于运气，而我不相信运气。我认为，凡出人头地的人，都是自己主动去寻找自己所追求目标的运气；如果找不到，他们就去创造运气。"这是著名剧作家萧伯纳的话。在生活中，有很多人都如李青一样，抱怨着机会总落到别人头上，上天从不眷顾自己，但是抱怨又有什么用呢？

机会是达到成功的"催化剂"，它不会从天而降，只能靠自己争取而来。如何争取呢？当然不是像守株待兔的人一样，看似很有毅力地坚持，实际上是坐以待毙的傻瓜。机会可能是上天创造的，但从来不会主动地找上门来，它靠着我们去发现、去挖掘、去创造。

天上不会掉下馅饼，当然试想下，就是上天真的掉下了馅饼，它就一定会掉到你的头上吗？如果真的掉到了你的头上，你被砸晕了、被吓晕了，又怎么办？所以，总是喊着要"取得成功"的人们，机会要靠自己去争取、去创造，而且还要充实自己、锻炼自己，有一天机会真的来了，也要有能力将它抓住。

每一位成功者都是靠着自己主动创造的机会而走向人生巅峰的，坐等只能虚度大好的时光，既然现在时间还早，既然现在努力还不迟，那就为自己创造出机会，展现自己的能

力。主动创造机会，就是为自己制作成功的"催化剂"，总
会有那么一刻发生化学反应，开出灿烂的烟花。

▭ ▭ ▭

你这些年的错过，都是顾虑惹的祸

人生就要学会对抗和挑战，害怕什么就打败什么。人生
得意须尽欢，别让美好的时光与梦想都输给了害怕，记忆中
只留下了错过。蜕变才能成就新的人生，克服恐惧，才能拥
抱成功。

刘畅填报高考志愿的时候，毫不犹豫地选择了英语，因
为说一口流利的英语是她一直以来的梦想。但是当她步入大
学宿舍的第一天，就被深深地打击到了。除了她之外，其他
三位舍友都是各地外国语学院附中毕业的，她们从小学起就
跟英语打交道，到了大学更是说得准确而又流利。

刘畅听着几位舍友的讨论，不知道该怎么介绍自己才
好，只好一笑而过。上课了，老师要求用英语来个自我介
绍，同学们有说美式英语的，有说英式英语的，唯有刘畅说
着蹩脚的英语，带着家乡的方言味道。

虽然同学们没有嘲笑她，但是她总感觉别人看她的眼
光都怪怪的。从那时候起，刘畅就尽量避免在大家面前说英
语。整个大学期间，她的笔试成绩都是班里第一，但是口语

成绩却是倒数。老师和同学都鼓励她多说多练，但她却觉得自己说了又会成为一场笑话，不说也罢。

毕业的时候，大家都忙着找工作。刘畅投出去的简历很多，也去大公司面试了几次。她发现，大公司面试的时候都习惯用英语跟他们交流，而她听得懂，却结结巴巴地表达不出来。许多人都替她惋惜：这个小姑娘成绩不错，但是口语太差了呀。

就这样，刘畅被许多大公司给PASS了，错过了许多工作机会。她很后悔自己为什么没有好好练习口语，当初的顾虑都成了成功的绊脚石。痛定思痛，她决定改变自己。她找出当年老师给她的口语资料，又报了一个专门的外教口语班。

一开始，她还是说得不好，词不达意。但这一次，她下定决心要好好说、反复说。凭着自己的好功底，没多久她就能跟外教谈笑风生，在学员当中脱颖而出。

这一次，她很顺利地跳槽到大公司。这家公司是外企，刘畅跟海外客户不管是聊工作，还是聊生活，甚至是开玩笑，都非常自信。公司的领导和客户都对她格外欣赏。凭着出色的工作业绩，没多久刘畅就升职加薪，成了大家眼中的成功人士。

有刚来的实习生看到刘畅的表现，用仰慕的口气问她："刘总，为什么你的英语说得这么好？你跟那些外国人对话的时候，心里不害怕吗？"

刘畅轻轻一笑："我以前会很害怕，只会读写，却不敢说，为此我付出了很大代价。从那以后我就明白了，人要学会跟自己对抗，越是害怕什么就越要勇敢地尝试什么。当你觉得内心强大到不怕任何恐惧的时候，就不会再想那么多。因为人在，希望才在。"

实习生有点不敢相信："真的吗？你就是用这个办法激励自己说得这么好的英语？我现在就很害怕游泳，我觉得自己身材不好，担心别人嘲笑；还怕自己游泳的姿势太难看，或者在水里抽筋了，被淹死……刘总，您说我该怎么办？"

刘畅轻松地说："只要是你喜欢的，就勇敢去做啊。这周末，咱们一起去游泳。"实习生非常爽快地答应了刘畅的邀约。

周末来临，刘畅穿上泳衣，自信地站在泳池旁边。看着有点畏畏缩缩的同事，她说："你看，没有人嘲笑你，没有人对你指指点点，你要相信，自己穿泳衣的样子很好看！"

等下了水，刘畅游的速度很快，姿势也非常美，又一次让同事目瞪口呆。趁着休息的空儿，她说道："刘总，您就是个全才，游泳也这么厉害！"

"可是你知道吗，几年前我跟你一样，担心这个，担心那个。"刘畅说，"我甚至对水有恐惧感。但是我又喜欢游泳，所以我从水下闭气尝试，慢慢地不害怕水了。我就开始在浅水区游，然后在教练的指导下往深水里游。我被水呛了很多

次，但是为了喜欢的事，付出一点没什么，你说呢？"

恐惧和顾虑就像是一个牢笼，囚禁了人的潜能，让本该美好的人生，变得遗憾重重。

你喜欢卷发，却害怕被人嘲笑，所以一直都留着自己不喜欢的直发；

你想跟领导谈心，却没有勇气敲开领导的门，好的想法就藏在心底；

你想学骑马、吉他，却怕年纪大了被人嘲笑，只能羡慕别人展现才艺；

……

这一切，都是顾虑惹得错。人生就要学会对抗和挑战，害怕什么就打败什么。人生得意须尽欢，别让美好的时光与梦想都输给了害怕，记忆中只留下了错过。蜕变才能成就新的人生，克服恐惧，才能拥抱成功。

□ □ □ □

被拒绝 100 次，就继续第 101 次

半途而废是个"坏家伙"，它总是让我们歇一歇。假如你听了它的话，那就等着被贴上一事无成的标签吧。如果能坚持千分之一甚至是万分之一的希望，那么成功便如探囊取物。

在美国，有这样一个小孩，从未享受过家庭的温暖。他的家庭是赌徒与酒鬼的组合，在他们家中有一个恶性循环：爸爸赌博输了，就会打妈妈出气；妈妈被打之后十分抑郁，便会借酒浇愁。这还不算完，妈妈喝完之后也会拿他出气。他就像是生活在食物链末端，每天都要承受不一样的"欺负"。所以，他决定要离开那个畸形的家，离开他的爸妈。他要到外面独立谋生，最好能闯出一条属于自己的路，因为他不再想重复父母的路。

年轻的他背起行囊离开了家，要到远方寻找自己的生活。可是，他能做什么呢？那样的家庭，那样的父母，根本没有给他提供教育的机会，他也没有一技之长。不过，他是个有想法的年轻人，经过多次考虑，他觉得自己可以做一名演员！演员可以没有学历，也不需要本钱投入，就算他算不上英俊，也没有接受过相关培训，但是他坚信自己可以成功。

那时候，好莱坞已经聚集了许多的名导名演，他决定在那里寻找机会。但是一晃两年过去了，他敲了许多导演制片以及明星的门，却没有敲响幸福的门。他还是一个穷困潦倒的人，勉强能填饱肚子，甚至无法攒够钱做一个帅气体面的发型，也买不了成功人士喜欢的西服领带。

认识他的人，都以为他要放弃了。可是，他两年的时间没有白费，拍电影需要演员，更需要好的剧本。他想："为什么我不换个方向，当不了明星，我可以写剧本啊！等时机成熟，我再跟导演说我想当演员，应该不会被拒绝。"

说干就干，他凭借自己熟悉的影视知识，还有亲身经历，写了一本像模像样的剧本。然后，他继续敲门的工作。这一次，他的工作量很大。当时的好莱坞有五百家电影公司，他要一家一家地拜访，希望能有一家电影公司看上他写的剧本。

从第1家到第500家，他花费了多长时间，没有人知道。有的公司看了之后就拒绝了他，有的公司甚至看都没看，就请他出去。这个年轻人没有放弃，第一轮的拜访没有成功，他又开始了第二轮的拜访。还是从第1家一直到第500家，或许这次他们的拒绝态度有了变化，但是结果没有变。第三轮，他做了同样的工作，或许这一次有人给了他一杯咖啡，或者有人好心地劝他放弃。

如果你是他，能坚持到第一轮，还是能坚持到第二轮？一个人的热情和激情是有限的，再热爱的东西，经历了500家公司1500次的拒绝，还能坚持地下去吗？

可是这个年轻人，开始了第1501次的拜访。就在那一次，有个导演被他感动，决定成就他，于是对他说："我可以把你的剧本改成电影，也可以让你做男主角。如果这一次效果不好，你就准备换个工作吧。"年轻人听到后，万分激动，现在他终于可以实现自己的梦想了。而且，他成功了！他的电影在美国创下最高收视率，后来红遍了全世界！

现在，可以告诉大家那个年轻人就是史泰龙，那部电影就是他看过一场拳击后写出来的剧本《洛奇》！史泰龙后来的影视路途一帆风顺，成了国际明星。而这一切不是平白得来，那 1501 次的拜访本身就是一个奇迹，坚持的奇迹。

学过哲学的人都知道，量变会导致质变。但是人生要被拒绝多少次之后，质变的那一秒才会到来，没有人知道。苏格拉底曾经要求学生每天甩臂 300 下，一个月后大部分人能做到，一年后却只有一个人能做到，那个人就是后来的大哲学家柏拉图。成大事者，必然需要强大的自信与毅力。只有一直坚持，才能有好的结果。

背了几遍单词没有记下来，许多人就想放弃；

找工作碰几回壁，有些人就要怀疑自己的能力；

跑了几天八百米没有瘦下来，很多人就觉得锻炼没有意义……

水滴石穿的神奇，在于日复一日、年复一年的坚持；驽马十驾，在于十天内的马不停蹄。人生不是快进的电影，成功更是个慢动作。在取真经的路上，倘若唐僧一行在九九八十一难前每每放弃，又如何取得真经？

半途而废是个"坏家伙"，它总是让我们歇一歇。假如你听了它的话，那就等着被贴上一事无成的标签吧。如果能坚持千分之一甚至是万分之一的希望，那么成功便如探囊取物。法国的巴斯德早就告诉我们成功的秘诀："让我达到目

标的奥秘，那唯一的力量就是坚持。"

　　许多事情说起来简单，但是做起来却是真的很难，但是这难不应该成为我们放弃的借口。越是坎坷的人生，越值得我们坚持那第 101 次。坚持，坚持，再坚持！不抛弃，不放弃，梦想的花儿将会在下一秒，绽放出最动人的样子。

↗

09
CHAPTER

豁出去与这世界死磕，
想什么"只怕万一"

——

　　要求"万无一失"的人，一般都不能成什
么大气候。世界上任何领域的顶尖者，都是靠
着勇敢面对他人所畏惧的事物才出人头地的，
而一些取得了成功的人，也都是如此，都是以
勇敢精神作为后盾的。

■ ■ ■

□ □ □

今天的无奈，源自昨天的犹豫和等待

我们总是在徘徊和等待，却在这期间失去了太多，梦想和爱情都拍着翅膀离我们越来越远。其实，我们的人生明明可以是另外一种样子，有无数的机会可以成全我们。大家却在昨天的犹豫不决中，变成了今天无奈的模样。

在大家的眼中，陈黎是一个既幸运又幸福的人。当年她研究生毕业没多久，就留校任教，成为一名高校教师。她人长得漂亮，有学历，也有能力，生活是稳定的三点一线，不用为了生活四处奔波。

只有她自己心里知道，这些年她厌倦了这种一成不变的生活。作为一名高校老师，每天只有备课和上课，她觉得生活过得枯燥极了。她天生并不是一个喜欢平淡生活的人，当年她在学校读书的时候，参加过各种社团竞选，热衷于户外活动，追求新鲜和刺激。

但是在学校工作了几年之后，陈黎的性格发生了变化。虽然她看起来稳重而又高雅，可她做事总是瞻前顾后，害怕这个担心那个。她的人生中不是没有改变的机会，都在她的犹豫和等待中错过了。

　　她曾经错过了赚零花钱的机会：几年之前，陈黎偶然跟一个朋友抱怨，做老师拿死工资，每个月都是月光族，真想赚点零花钱。朋友刚好开始炒股，就建议陈黎也试试。那几年股市行情还不错，这个朋友已经从中赚了一小笔。

　　陈黎有点心动，本想拿出一点钱来搞点小投资，赚点钱花。但是回去后，她左思右想，摇摆不定，一会儿不知道该投多少合适，一会儿又害怕投进去赔钱。偶尔她在网上查看大盘消息，都在唱跌，就更不敢下手了。就在她日复一日的担心和犹豫中，股市的行情开始变得不好。大盘从五千点走向了三千点，这么一来，她更不敢往里面投钱了。

　　后来，她跟朋友再见面，聊起买股票的事情，朋友很直爽地说："现在肯定没有买多少啦。但当时跟你说的时候，我就赚了一些，后来又投了点，炒点短线还是没问题的。其实，我也没赚多少，你看看我刚买了个代步车，就是用股票赚的钱买的。"

　　陈黎大吃一惊，同时后悔不已。

　　她曾经错过了跳槽的机会：在学校待了许多年，陈黎的专业水平越来越棒，学术上也小有成就。她身边的许多同事，都陆续地有了新的职业规划，有的给校外辅导班代课，有的直接跳槽去了大公司。他们跟陈黎的工作能力差不多，跳槽去大公司发展的同事，转眼就像是换了个人生。

陈黎很羡慕那些同事，她也很想换个工作。幸运的是，有一家她心仪很久的文化公司找到了她，想挖她过去做公司高管。那家公司实力雄厚，氛围很好，给出的薪资条件也比陈黎现在高许多。

但是她很犹豫，在学校这么多年，一切都已经熟悉了，如果换个全新的环境，万一不适应，该怎么办呢？那家公司本来给了她几天的时间考虑，但是她思来想去，都没有下定决心。

就在她还在纠结的时候，对方告诉她那个职位已经有人应聘上了，这次没有合作机会了。陈黎得到消息，既后悔又无奈。

有人说她傻："既然那么喜欢那家公司，也希望自己换个环境，为什么不去呢？"陈黎无言以对，她很想告诉大家，她内心的小火苗一直没有灭，希望自己能折腾出点事情来。但是她在这四平八稳的人生轨迹中，已经习惯了犹豫和观望。

她甚至错过了自己的爱情：工作之后，她一直都是单身。身边的许多同事和朋友都给她介绍男朋友，但是几次相亲之后，都没有了下文。慢慢地，她也成了父母眼中恨嫁的老姑娘。

直到有一天，大学同学组织聚会，她见到了曾经暗恋的男同学。那时候，两个人都还是单身，就交换了手机号码，也加了微信。

当天晚上，他们在微信上聊得热火朝天；一周后，他们约定一起吃晚饭；一个月后，他们一起看电影，去游乐场……

陈黎每次见到他的时候，都想告诉他自己有多喜欢他，甚至从大一开学第一天就已经有了好感，只是这么多年都不敢说出来。但是她始终没说，她害怕自己的告白被拒绝，担心两个人做不成朋友，不敢拿自己多年的美梦冒险。

直到有一天，男同学在微信里说自己刚跟一个相亲的姑娘订婚了。陈黎看着屏幕上的字，眼泪不自主地流了下来，但是她还是发出去五个字："祝你们幸福。"就在她伤心的时候，微信上又出现了一句话："其实，我从大学就喜欢你，就是一直不敢跟你说，怕被你拒绝。暗恋了你这么多年，现在终于走出来了，以后还出来一起玩。"

陈黎这一次放声大哭。

我们总是在徘徊和等待，却在这期间失去了太多，梦想和爱情都拍着翅膀离我们越来越远。其实，我们的人生明明可以是另外一种样子，有无数的机会可以成全我们。大家却在昨天的犹豫不决中，变成了今天无奈的模样。

人生短暂，我们没有更多的时间积攒勇气；人生无常，学着任性一点，追求自己的幸福。把犹豫不决的时间节省出来，去做你想做的事：背单词、减肥、理财、告白……

生活中从来不缺少机会和惊喜，如果不想错过，就从现在开始，跟犹豫和等待说拜拜。

□ □ □
信念＝人生的导航＋成功的起点

人生的轨迹不是预定的，哪怕是在最绝望的时候，也要守住心中的一份信念，它会带你走出"绝境"。信念就像一颗种子一样，只要你允许它在你的心底生根发芽，它一定会为你开出最美丽的花。

沙漠，探险队最爱与最恨的地方。因为这里充满着神秘色彩，受到探险爱好者的喜爱，但由于气候干旱，常有风沙，这里又无情地埋葬了很多人。

这天，又一支探险队来到了大沙漠。

黄昏时分，一场突如其来的暴风沙袭击了探险队。这风非常大，而且还卷着大量沙粒，吹得他们什么也看不见。

来去匆匆的暴风沙很快过去，但探险队所有的标记都不见了，他们认不得正确的方向，更严重的是，那些装有干粮和水的背包也被卷走了。阳光剧烈，风沙满天，在茫茫无垠的沙漠中，没水意味着什么，大家心里都很清楚。

探险队无力地在沙漠上艰难前行，没过多长时间，很多队员都陆续开始四肢乏力，有几个人还因体力不支停了下来。

死神已经追上了他们。

就在这时，探险队的队长把所有队员召集在一起，他望着眼前东倒西歪的队员，突然从腰间拿出一个水壶，说："幸好我把这瓶水放在了身上，我们还有希望在喝完这壶水之前走出沙漠。"

队员的眼神突然亮了起来，纷纷站起来，队长继续说："但是，我必须告诉大家，我们就这一壶水了，没有走出沙漠，谁也不能喝。"

"好！"队员回答得很干脆。

队长便将水壶递给了探险队员们，水壶在他们的手里依次传递，大家拿着水壶都感到沉甸甸的，虽然不能喝，但是现在看到这壶救命水就有了希望，一种充满生机的幸福和喜悦在每个队员濒临绝望的脸上弥漫开来，他们感觉浑身充满了力量。

队员们手拉手走出了沙漠。

大家回望着茫茫沙漠，喜极而泣。突然，一个队员说："队长，现在我们可以喝水了。"

队长笑着点点头，拿去水壶，小心地打开。他注视着身边激动的队员，将水壶口慢慢朝下倒下去，一股细细的沙从壶中流出……

队员们丢失了给养之后，失去了前进的动力，于是队长拿出一壶"水"，因为见到"水"队员们便有了希望，"走出去，就可以喝水"的信念使他们坚定了信心，得以走出死亡的威胁。这是一则以信念来求生的故事，很多时候，信念会

帮我们的人生导航，它是走向成功的起点。

影响我们人生的绝不是什么兴趣爱好，而是持有什么样的信念。树立并坚定了信念，会使你屏蔽形形色色的迷雾，为你带来无穷的力量。这是因为，当你坚信某一件事情时，潜意识中就给自己下了一道不容置疑的命令，从而唤醒沉睡的潜能，从潜能那里流出无限的能力。

生活中时常会碰到这样或那样的困难，我们一定要坚守自己的信念，不要被困难吓倒。俗话说："守得云开见月明。"在乌云密布的夜晚，只要我们有着对明月的渴望和抱着明月总会出来的信念，静静地等待，往往最终都会等到明月普照大地的美丽瞬间。

哪怕是在最绝望的时候，也要守住心中的一份信念，它会带你走出"绝境"。信念就像一颗种子一样，只要你允许它在你的心底生根发芽，它一定会为你开出最美丽的花。

□ □ □ □

人生不会因失败而终止，却会因放弃而结束

失败不是人生的终点，这只是一个暂时的结果。给自己信心，在失败之中汲取经验教训，那么终将会跨越失败的门槛。如果在失败面前放弃了努力，那么这样的人生也就真的接近尾声了。

小豪是一名15岁的少年，他出生在大海边的渔民家庭。爸爸是一名捕鱼好手，妈妈在家照顾家庭，他的童年过得无忧无虑。不过，随着他慢慢长大，海里的鱼越来越少，天气也变得捉摸不定，爸爸打来的鱼越来越少，家里的收入也越来越少。本来可以勉强维持温饱的生活水平，现在则是负债累累。

这一年冬天，天气阴寒，海上经常大风大浪。突然有一天，爸爸早早地回来，满脸忧愁。原来他们家的渔船被风浪打翻了，没有办法再去打鱼了，这可是一家人唯一的经济来源啊。一时间，家里人都默不作声，为以后的生活发愁。爸爸最后说了一句："打不了鱼，那就去给别人打打零工吧。"

不料，第二天一早，小豪和妈妈发现爸爸睡得很沉，叫也叫不醒。妈妈给爸爸试了体温，发现爸爸高烧快40度了！肯定是昨夜的海风太凶猛，把爸爸吹成了重感冒。爸爸病倒了，妈妈还要在家里照顾爸爸。马上就要快过年了，一家人眼看就快吃不上饭了。

屋漏偏逢连阴雨，家里之前因为买渔船借了亲戚的钱，人家也是急需用钱，只得上门追债。爸爸和妈妈好话说尽，让亲戚再等等，等爸爸的病好起来，就会出去赚钱。

15岁的小豪躲在角落里，看着父母为难的样子，仿佛这个家已经到了穷途末路的时候。但是坚强的他并不想哭，他的脑子里飞速地思考，突然间想到了一个办法。只见他给

自己熬了一锅浓浓的姜汤，咕咚咕咚地喝了下去。然后，他背上家里大大的鱼篓，带上剩余的姜汤，出门了。

他要到哪里去？风这么大，天这么寒冷，路上看不见一个人，只有这个少年飞快地跑到了海边。他毫不犹豫地脱掉身上的衣服，拿起鱼篓冲到了海里。海水冰冷刺骨，少年却毅然地站在海水里一动也不动。

身边的渔民都惊呆了，这孩子是要干吗？他没有渔船，也没有渔网，就这么拿着鱼篓下海，难道鱼会自己游进鱼篓里？但是不一会儿，奇迹出现了！许多鱼游到了少年的周围，有在他腿边的，有在他脚边的，很快小豪的鱼篓就装满了鱼。他一次次地把鱼篓的鱼倒上岸，接着又返回去抓鱼。不一会儿，岸上堆起来一座壮观的"鱼山"。

少年回到岸边，把姜汤都喝掉，穿好衣服，然后把爸爸妈妈叫到海边。当父母看见有那么多的鱼时，都不解地看着他。小豪得意地说："这都是我捞上来的鱼。爸爸跟我说过，这种尖尖鱼最喜欢温热的物体，冬天里人要是站在海水里面，肯定会吸引过来许多鱼。爸妈你们看，这些都是我引过来的。我们没有渔船和渔网，也一样能抓到鱼。"

父母看着他，内心泛起心酸和心疼，但是他们忍住了眼泪，表扬了自己的儿子："儿子你真聪明，也不是一般地坚强，这么冷的天，你说跳就跳。不过为了你的身体，只此一次，下不为例。"小豪高兴地点点头。

那个冬天，小豪用身体吸引过来的鱼卖了不少钱，让他们一家撑过了最难的时候。来年春天，一家人齐心努力，想尽办法，从绝望的边缘走了出来，过上了正常的生活。

每当遇到挫折和失败，总有人抱怨自己走到了绝境，所以就会非常失望。但世界上真的有绝境吗？我们所说的绝境，只不过是短期内无法解决的麻烦。如果想要逃避，很多人会安慰自己："我努力了，但是遇到了失败和绝境，我也没有办法。"生活中真正的勇者，会告诉自己："人生不会因失败而终止，却会因放弃而结束。只要开动脑筋，没有解决不了的困难。"

失败不是人生的终点，这只是一个暂时的结果。给自己信心，在失败之中汲取经验教训，那么终将会跨越失败的门槛。如果在失败面前放弃了努力，那么这样的人生也就真的接近尾声了。

《黑人世界》成立之初，就面临着失败的危险。发行量太少，公司几乎无法生存下去。同行业的人都觉得这本杂志肯定要失败，看起来没有办法能让它起死回生。

但是创办它的人却不这么认为，他们每天都在一起想办法，不希望就此放弃自己的成果。有人提议："如果能约到总统夫人的稿子，有了这个噱头，大家肯定都会买来看看，这样我们的知名度有了，发行量也有了。"

说做就做，他们通过各种途径、各种方式，给总统夫人写信，希望能让她投一篇稿子。但是这件事情没有那么容易，他们被拒绝了。但这是他们唯一的希望，所以他们没有

停止这个行为，而是继续约稿。

终于有一天，总统夫人来到杂志的发行地。他们再次以诚挚的态度向夫人约稿。夫人被他们的坚持所打动，就给他们写了一篇稿子。有了这篇出自总统夫人之手的稿子，杂志发行量直线增长。知名度有了，杂志稿件的可读性也非常高，很快就得到了观众的认可。

顽石之所以能够打磨成一块美玉，就在于艺术家的永不放弃。拥有全力以赴的决心，人生就算陷入低谷，也只是暂时的。当你决心把生活过成一首诗，那么就保持勇敢的心，那足以让你跨越高山大海，穿过层峦叠嶂，直到看见美好的远方。

有人喜欢逃离，一丝小小的困难都会让他如坐针毡，沉浸在自怜自艾的情绪中不能自拔。相反，如果能从容面对发生的每一个困难，坚忍地走下去，寻找解决困难的办法，这样才能不断地努力和拼搏，等来成功者的春天。

人生不是舞台，遇到失败就哭天抢地，除了给自己徒增烦恼，没有任何好处。唯有坚持不放弃，才能平衡心里的种种思量，做一个一往无前的微笑勇者。

□ □ □

奇迹就在坚持的下一秒

很多人以为，奇迹最喜欢那些运气好的人，它会拍着翅膀落在那人的肩膀上，一起笑看人生起伏。殊不知，运气好只是一层漂亮的外衣，那人真正的名字，叫作坚持。

茫茫无际的大海上，行驶着一艘轮船。经过了几天的航行，这艘船才刚刚行驶了一半的路程。乘客们倒是不着急，他们每天都会在船中欣赏大海的景色，感叹着其胸怀的博大与沉静。

但是，天有不测风云。这一天，海水突然激起巨浪，一场暴风雨将要袭来。乘客们都非常害怕，杰克也是同样地担心："万一遭遇海难怎么办？"在船长的指示下，大家赶紧穿上了救生衣，做好一切能做的应对工作。

果然，在经历了狂风骤雨之后，那艘船被无情地打翻，所有人都掉进了海水里。杰克看到这个情景，心里不由自主地想："我一定要活下来，坚持就是胜利。"那一刻，他抱住了一根木头，那是他的救命稻草！

当身边的人都被海水吞噬了生命，只剩下杰克一个人在海上漂着。连续两天在海上漂浮着，杰克又冷又饿。但是他知道，自己是幸运的，还有活着的希望。这个过程中，他不能放弃，一定要坚持，争取能早一点到陆地，那时候自己就是安全的了。

终于，一个海浪袭来，把杰克推到一个小岛上。杰克太累太困了，他在接触到陆地上的那一天，就昏睡了过去。等他醒来，他发现自己到了一个荒无人烟的小岛上。那里说不上好与不好，但是足以让他保持获救的信心。

随后的一两天里，杰克走遍了小岛上的角落，他要找水喝，找能吃的东西。然后还要做一件大工程：储存食物。只要有吃有喝，不至于被饿死渴死，他坚信自己可以获救。

杰克非常幸运，他找到了淡水和野果。这下好了，他知道自己可以活下去了，而且坚持一个月的时间也没有问题。剩下的日子里，他每天都会跑到小岛的山顶上向远处望，希望能看到船只。

日复一日，眼看他储存的食物都快吃完了，却还没有看见任何的船只迹象。杰克没有放弃，他坚信活着坚持下去，才能等到奇迹。这天天气阴沉，暴风雨将要来临。但是杰克还是决定去山顶看看，希望大海上有救援的船来。

望来望去，大海上没有任何异样。杰克突然发现，岛上生起了一股浓烟！再仔细一看，那居然是他搭建棚子的地方。杰克飞奔过去，果然，是天上的雷电点燃了木棚，浓烟滚滚，大火熊熊，虽然下着雨，但是浇不灭大火。转眼间，杰克的"小家"还有他费尽心思收集的食物都被烧没了。

杰克惊呆了，他觉得这是老天给他的暗示：不要再做无用的等待和坚持了，没有人会来救你。那场大火不光是毁了他的家，也烧没了杰克心中的希望。痛哭一场之后，他默默地找到一根树藤，准备结束自己的生命。

就在他写好遗书、做好自杀的一切准备时，他突然听到岛上有人说话的声音。杰克激动万分，急忙奔过去，发现一行人正在到处寻找。其中看起来像船长的人说："幸亏这个岛上有浓烟升起，我们才觉得这里可能有人被困住了，不然我们也不会到这里来。"

杰克又笑又哭，他想这就是他等来的奇迹，原来奇迹真的就在坚持的下一秒。如果他真的自杀了，那么之前所有的坚持都变得没有意义。

打败一个人的，从来都不是外界的困难，而是自己的内心。是选择高瞻远瞩面对人生，不到最后绝不放弃，还是遇到困境就动摇和退缩？奇迹不是从天而降的馅饼，而是一分一秒的坚持与积累。如果没有坚持下去的自信与潇洒，倒下去的人或许就真的站不起来了。

每个人都希望自己的人生一帆风顺，但这仅仅是美好的希冀。在通往成功的路上，有鲜花有掌声，更多的是狂风骤雨。挫折与失败是人生常态，如果被眼前的困境所吓倒，那么成功无从谈起，奇迹更是无从说起。

寒门学子感恩困难终成大器，是坚持的奇迹；

中国乒乓球队所向披靡夺冠无数，是坚持的奇迹；

凤凰涅槃浴火重生，更是坚持的奇迹……

梦想的花儿，需要用汗水浇灌，用坚持守护。奇迹是什么？是一次次地说服自己坚持下去，或许就在下个路口的转角处，就能看到奇迹在悄然等待着你。

每天进步一点点，从平庸到卓越

卓越者之所以成功，平庸者之所以失败，往往不是因为个人能力，而是在于耐心。古曰"苟日新，日日新，又日新。"进步很简单，只要向前走就可以了，今天比昨天强，明天比今天强，那就是成功。其实，人生就是一场追求明天更卓越的过程。

琳娜不是个美女，她身材瘦小，貌不惊人。虽然她只有高中文化水平，但是在一家较有名气的外资企业的应聘测试中，因成绩优秀被录取了，这是她长这么大最快乐的事。

不过一上班，琳娜就发愁了。她是公司中的文员，负责文案的整理和闲杂的事务。闲杂事务还可以处理，但因为她要听从两位不同国籍、有着不同文化背景的老板——一位德国籍老板、一位英国籍老板的安排，工作难度简直不敢想象。

初入公司实习的那三个月，简直让琳娜脱了一层皮。两位老板把琳娜当成个只会干杂事的小职员，不停地派些零七八碎的事情让她做，从不肯定，也不批评指导。

琳娜明白自己学历低、经验少，所以她不断地学习，积累经验，还会抓住一些小机会让老板看到自己，以求老板的赏识。

平日里，琳娜把自己分内的工作做得周到细致，还将自己所能见到的各种文件都拿到自己的位置上，一有空就去认真翻阅琢磨，学习公司的业务。

她以前学习并不突出，英语只是浅显地会日常会话，而德语可以说是一窍不通。但是她不放弃，每天晚上，她的最大任务就是不厌其烦地翻看她的那两本"无声老师"——德文字典、英文字典。

妈妈劝琳娜说："孩子，你基础不好，这么多单词，你记不住的。"

但琳娜告诉妈妈："没关系，我只要每天记住 10 个单词，一年下来，我就会 3600 多个单词呢。"

一年多后，人们发现，琳娜对公司的业务了如指掌，外语水平也在与日俱进。

老板找到琳娜，说："我觉得你最近表现不错，中国有句古话，叫"士别三日，当刮目相看"，可你天天上班，我竟然没有发现你是怎么有这么大进步的。"

琳娜笑笑说："我每天都在努力，一天进步一小步，一年下来就会有质的飞跃了。但是，我还有不足，会继续努力的。"

老板笑笑说："好的。那你就做我们的秘书吧，公司的一些日常事务你可以全权处理。"

琳娜终于得到了肯定，她兴奋极了。但是高兴之余，又有问题来了：秘书工作需要协调各组的资源，帮助老板处理很多问题，但这一切都是她之前没有接触过的。

经过思考，琳娜报考了职业培训班，她的周末就泡在了培训班中。一段时间后，琳娜的德语、英语都达到了专业水平，还熟练掌握了计算机操作，也能很顺手地处理公司的日常事务，调节各组资源。

她的工作得到了两位老板的赏识。当有人问她凭借什么成功时，她会笑着说："这并不难，只要每天进步一点点。"

"滴水穿石"是努力的最智慧的办法，小水滴能穿透坚硬的石头，凭借的就是每时每刻永不停歇地努力。有人担心成功离自己太远，总想什么事都一蹴而就，但世界上没有一步就能达到的目的地，所以成功都需要通过一步步扎实的努力。

每天进步一点点，哪怕之前你再平庸，也会走向卓越。愚公不听智叟的话，他要坚持把山移走，就是用了最简单的手提肩扛，每天移走一点点，子子孙孙坚持下去，总有一天能将大山移走。

而我们很多人，就是缺少每天坚持一点点的毅力，总是觉得这一点点又能怎么样。其实，每一座大山都是由尘埃积累而来，每一条江河都是由水滴组成，不要总是将眼神投向不切实际的地方，与其空谈志向，不如现在就安下心来一点点开始努力。

卓越者之所以成功，平庸者之所以失败，往往不是因为个人能力，而是在于耐心。古曰："苟日新，日日新，又日新。"进步很简单，只要向前走就可以了，今天比昨天强，明天比今天强，那就是成功。其实，人生就是一场追求明天更卓越的过程。